Sekundarstufe

Friedhelm Heitmann

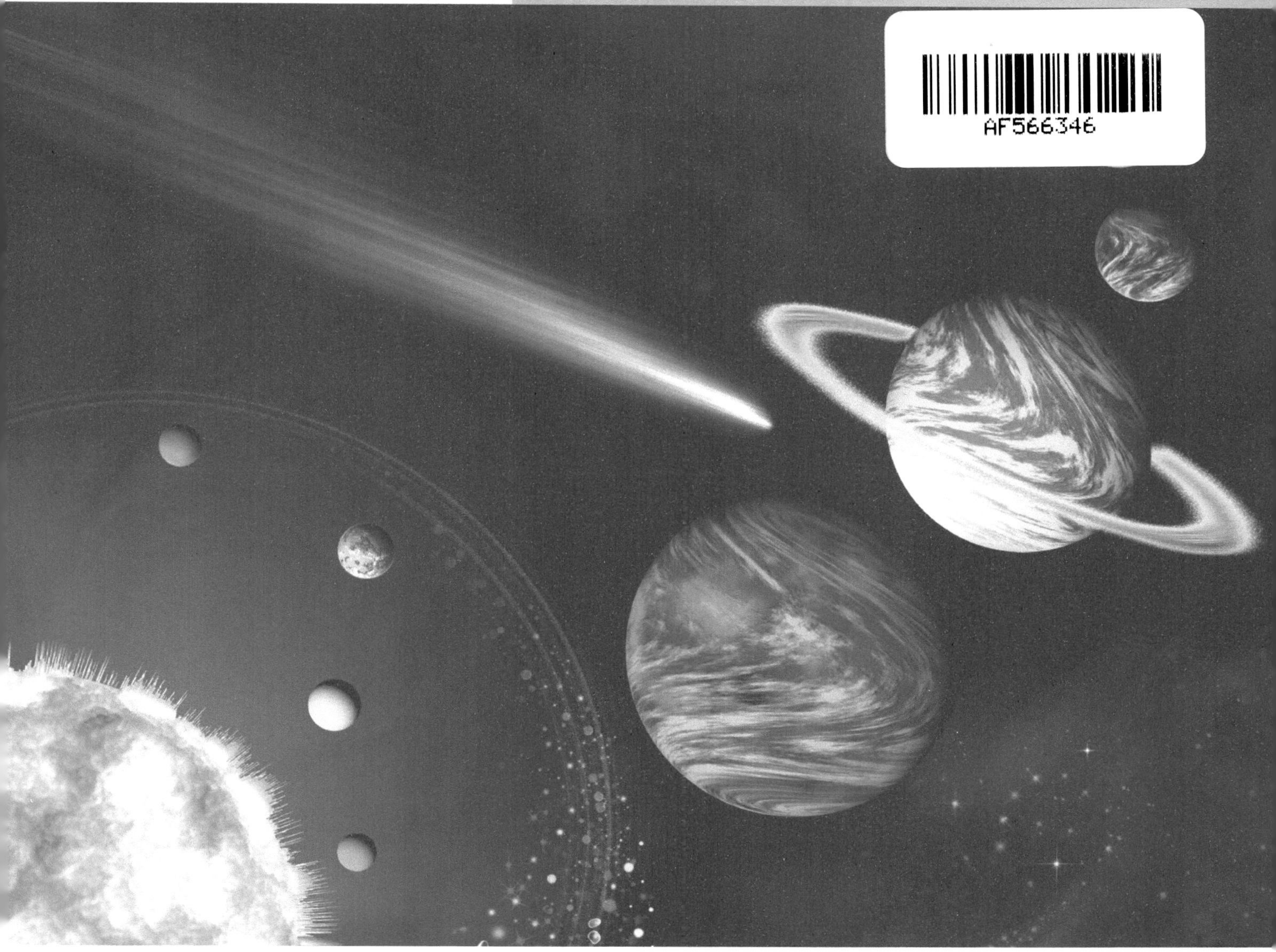

Lernwerkstatt Weltraum

- Die Planeten des Sonnensystems
- Der Weltraum
- Mond- & Sonnenfinsternis
- Science-Fiction-Geschichten

Lernwerkstatt WELTRAUM

Sekundarstufe

7. Auflage 2025

Inhalt: Friedhelm Heitmann
Umschlagbild: © tmass - fotolia.com
Redaktion: Kohl-Verlag
Grafik & Satz: Simone Demler & Kohl-Verlag
Druck: elanders Druck, Waiblingen

Bestell-Nr. 11 197

ISBN: 978-3-86632-448-0

Bildquellen:

AdobeStock.com: Seite 2: © Africa Studio; **Seite 7:** © aleksandar nakovski; **Seite 8:** © wetzkaz & Wirestock; **Seite 10:** © Duskcraft; **Seite 11:** © 4zevar; **Seite 13:** © Julia; **Seite 16:** © FrameAngel; **Seite 19:** © Martin; **Seite 23:** © photosvac; **Seite 25:** © Rawpixel; **Seite 26:** © Yazz; **Seite 35:** © Artenauta; **Seite 37:** © Jean Kobben & Anne; **Seite 40:** © Platon; **Seite 46:** © ismailbasdas; **Seite 48:** © tanapon; **Seite 49:** © blackdiamond67; **Seite 52:** © Blitz; **Seite 55:** © Matthieu; **Seite 56:** © Siraphatphoto; **Seite 57:** © Interstellar; **Seite 59:** © diversepixel

Clipart.com: Seite 4, 22, 47

wikimedia commons: Seite 6: © NGC4676; **Seite 12:** © NASA; **Seite 24:** © Andreas Luck; **Seite 37:** © Jason Snell

Kontakt: Kohl-Verlag, An der Brennerei 37-45, 50170 Kerpen
Tel: +49 2275 331610, Mail: info@kohlverlag.de

Inhalt

Vorwort

Liebe Kolleginnen und Kollegen,

der Weltraum, ein interessantes, ja faszinierendes Thema, das – so zeigt oft die Realität – in der Schule überhaupt nicht oder nur kurz behandelt wird. Ziel des vorliegenden Bandes ist es, den Schülern elementare Grundkenntnisse zu vermitteln und diese zu überprüfen. Damit verknüpft wird im abschließenden Teil des Bandes „Science-Fiction" für den Unterricht thematisiert.

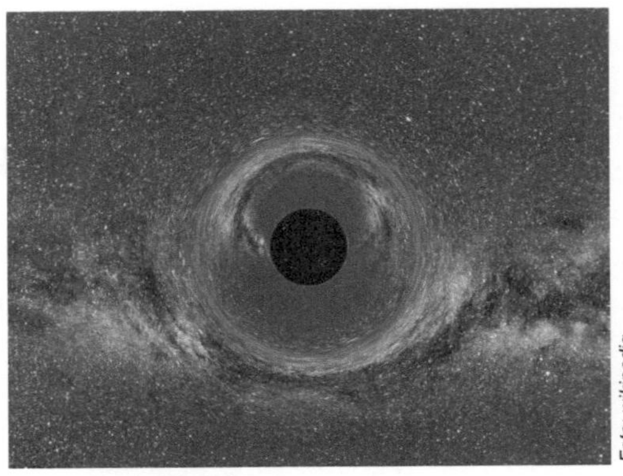

Foto: wikipedia

Schwarzes Loch

Alle präsentierten Materialien entstanden aus der eigenen langjährigen Unterrichtstätigkeit als Lehrer, sie wären sonst nicht zustande gekommen. Die Materialien wurden mehrmals bei der Arbeit mit Schülern erprobt und bewährten sich durchweg.

Bei den Materialien handelt es sich um Arbeitsblätter und Lernspiele. Viele Arbeitsblätter sind ohne die Hilfestellung des Lehrers selbstständig von den Schülerinnen und Schülern bearbeitbar.

Die dargebotenen Materialien sind überwiegend für die Sekundarstufe vorgesehen, können aber auch in anderen Klassenstufen, nach Durchsicht durch die Lehrperson, eingesetzt werden. Sie lassen sich in den Fächern Geographie, Physik und Deutsch im Unterricht einsetzen, ebenso fächerübergreifend, z.B. im Rahmen eines Projekts. Die vorliegende Sammlung ist komplett oder in einzelnen Passagen im Unterricht verwendbar.

Mein Tipp: Ein Besuch in einer Sternwarte ist sehr zu empfehlen und trägt wesentlich zum Verständnis bei.

Viel Freude und Erfolg beim Einsatz der vorliegenden Kopiervorlagen wünschen Ihnen der Kohl-Verlag und

Friedhelm Heitmann

1 20 Schlagzeilen über Ereignisse und Dinge im Weltraum

Aufgabe 1:
- *Was besagen die einzelnen Schlagzeilen?*
- *Worüber hast du schon etwas gelesen bzw. wovon hast du bereits etwas gehört?*

Schwarzes Loch in der Milchstraße

Im August regnet es Sternschnuppen

Galaktischer Dreier-Crash, 3 Galaxien verschmelzen miteinander

Asteroid rast an der Erde vorbei

„Hubble“ entdeckt Sternen-Explosion

Meteorit stürzt ins Wohnzimmer

Erster Ei-Stern im All entdeckt

Es war einmal ein Stern

NASA jubelt: Bald fliegen Astronauten zum Mars

Kleinstes Sonnensystem entdeckt – Rätsel um „Braunen Zwerg“

Minus 272 Grad – das ist der kälteste Ort des Universums

Ein Planet wie die Erde – nur ein bisschen zu heiß

460 Grad Hitze auf Venus gemessen

Neue Monde des Neptun entdeckt

Sonnenfinsternis über Europa

Pluto nur noch ein „Zwergplanet“

Der hellste Komet, der je zu sehen war

Meteor verglüht über Deutschland

Erste Weltraum-Touristin startet ins All

Mondfinsternis zeigt rotes Schattenspiel

Lernwerkstatt WELTRAUM
Sekundarstufe – Bestell-Nr. 11 197

2 Weltraumwissen

Aufgabe 1: *Was weißt du bereits über den Weltraum?*

Diese Aufgabe wird nach der Methode „Wachsende Gruppe" bearbeitet.

- Du beantwortest die Frage in Einzelarbeit auf einem Blatt und notierst alles, was du über dieses Thema weißt. ***Dafür hast du 5 Minuten Zeit.***
- Anschließend suchst du dir einen Partner und tauschst deine Ergebnisse mit ihm aus. Ihr ergänzt eure Gedanken auf eurem Blatt. ***Ihr habt 10 Minuten Zeit.***
- Dann sucht ihr euch eine andere Zweiergruppe und vergleicht die Ideen und Gedanken in der neuen Vierergruppe. Auch hier ergänzt ihr wieder Gedanken, falls das nötig ist. ***Hierfür habt ihr 15 Minuten Zeit.***
- Anschließend schreibt ihr eure Ergebnisse auf ein großes Flippapier und hängt es vorne an der Tafel auf.
- Ihr lest euch jetzt gemeinsam die Ergebnisse durch und besprecht euch. Sollten Fragen entstehen, werden sie in der Großgruppe geklärt.

Galaxienpaar NGC 4676 im Sternbild Coma Berenices (ca. 300 Millionen Lichtjahre von der Erde entfernt)

Aufgabe 2: *Was möchtest du noch über den Weltraum wissen?*

3 Der Weltraum – ein Lückentext

Aufgabe 1: *Setze in die Lücken des Textes die passenden Wörter ein.*

Astronomen – Ausmaße – Entfernungen – Fixsterne – Galaxien – Gaskugeln – Materie – Milliarden – Universum – Urknall

a) Man bezeichnet den Weltraum auch als Weltall, Kosmos und ____________________ .

b) Der Weltraum ist gigantisch groß, kein Mensch kennt die ____________________ des Weltraumes.

c) ____________________ *(= Sternforscher)* gehen derzeit davon aus, dass sich der Weltraum immer weiter ausdehnt.

d) Bezogen auf den Weltraum werden ____________________ hauptsächlich in der Maßeinheit Lichtjahre angegeben. Ein Lichtjahr ist die Strecke, die ein Lichtstrahl in einem Jahr zurücklegt, nämlich ca. 9,46 Billionen km.

e) Im Weltraum befinden sich mindestens 100 Milliarden ____________________ . Diese sind große Sternsysteme mit Milliarden von einzelnen Sternen und Himmelskörpern.

f) Sterne sind große ____________________ , die wegen ihrer sehr hohen Temperatur leuchten und durch Massenanziehung zusammengehalten werden.

g) Wenn man Sterne von Weitem beobachtet, scheinen sie jeweils fest an einer Stelle zu bleiben. Man nennt sie deshalb ____________________ . Tatsächlich bewegen sie sich jedoch.

h) Nach Berechnungen durch Wissenschaftler ist der Weltraum vor etwa 13-15 ____________________ Jahren entstanden.

i) Man meint, dass der Weltraum aus einer gewaltigen Explosion hervorging, die als ____________________ *(= „Big Bang")* bezeichnet wird.

j) Durch die Explosion wurde ____________________ *(= Urstoff)* in sämtliche Richtungen fortgeschleudert. Diese kühlte sich allmählich ab und verdichtete sich zu verschiedenen Himmelskörpern wie z.B. Sterne und Planeten.

Begriffssammlung

Ein sehr bekanntes Beispiel für eine *Galaxie* ist beispielsweise unsere *Milchstraße*.

Mehrere Galaxienhaufen bilden einen *Superhaufen*, Beispiel dafür ist der *lokale Superhaufen*.

Zu unserem Sonnensystem gehören insgesamt 8 Planeten, die zusammen *ein System* ergeben.

Ein *Beispiel für einen Planeten* ist der *Jupiter*. Mit seiner grell gelb-orangenen Farbe und dem berühmten „roten Fleck" ist er der größte Planet in unserem Sonnensystem.

Kleine Planeten wie den Pluto nennt man auch *Zwergplaneten*.

Asteroiden werden in der Astronomie als Kleinplaneten oder Planetoiden, die in einer ellipsenförmigen Umlaufbahn um die Sonne kreisen, definiert. Sie können auch zu einer tödlichen Gefahr für uns Menschen werden, wenn sie von ihrer gewöhnlichen Bahn abschweifen und beispielsweise auf die Erde rasen, was bisher wohl äußerst selten war. Asteroidennamen werden normalerweise Nummern vorangestellt, z.B. (69230)Hermes.

Hell leuchtende Wetter- und Himmelserscheinungen bezeichnet man als *Meteore*. So z.B. die als Meteorstrom jährlich im August wiederkehrenden Perseiden.

Kometen sind kleine Himmelskörper, die in einer stark elliptischen Umlaufbahn um die Sonne kreisen. Es kann auch sein, dass ein Komet aus seiner Bahn abschweift und auf Planeten zurast oder zufliegt.

Die *lokale Gruppe* z.B. ist ein *Galaxienhaufen*, eine Ansammlung von Galaxien.

Himmelskörper, die einen anderen begleiten oder umkreisen, bezeichnet man als *Trabante* („Begleiter"), z.B. unseren Mond.

4 Rund um den Weltraum

Aufgabe 1: *Ordne zu.*

Halleyscher Komet – (69230)Hermes – Jupiter – Lokale Gruppe – Lokaler Superhaufen
Milchstraße – Perseiden (Meteorstrom) – Pluto – unser Mond – unser Sonnensystem

Begriffe aus dem Weltraum	Erklärungen / Beispiele
⇨ Superhaufen (= mehrere Galaxienhaufen):	______________________
⇨ Galaxienhaufen:	______________________
⇨ Galaxien:	______________________
⇨ Sonnensystem:	______________________
⇨ Planeten:	______________________
⇨ Trabanten:	______________________
⇨ Zwergplaneten:	______________________
⇨ Asteroiden:	______________________
⇨ Kometen:	______________________
⇨ Meteore:	______________________

Aufgabe 2: *Kreuze an, welche der folgenden 10 Aussagen sachlich richtig sind und welche nicht zutreffend sind.*

		Richtig:	Falsch:
1.	Alle Himmelskörper im Weltraum sind kugelrund.	☐	☐
2.	Galaxien können zusammenstoßen (= kollidieren).	☐	☐
3.	Nicht nur in unserem Sonnensystem kommen Planeten vor, sondern auch in anderen Sonnensystemen.	☐	☐
4.	Sterne bestehen ewig.	☐	☐
5.	Wenn man weit entfernte Sterne im Weltraum beobachtet, wird in die Zukunft geschaut.	☐	☐
6.	Im Weltraum gibt es Schwerelosigkeit.	☐	☐
7.	Auf dem Mond ist die Schwerkraft größer als auf der Erde.	☐	☐
8.	Im Weltraum schwirren sehr viele Schrottteile um die Erde herum.	☐	☐
9.	Asteroiden und Kometen können zu einer tödlichen Gefahr für Menschen auf der Erde werden.	☐	☐
10.	Die Erde ist der einzige Planet unseres Sonnensystems, auf dem unter den gegebenen natürlichen Bedingungen die Menschen leben können.	☐	☐

KOHL VERLAG Lernwerkstatt WELTRAUM Sekundarstufe – Bestell-Nr. 11 197

5 Unser Sonnensystem

Aufgabe 1: *Setze in die Lücken des Textes die passenden Wörter ein.*

Anziehungskraft – Asteroiden – Ellipsenbahn – Erde – Kometen – Milchstraße – Monden – Planeten – Sonne – Zwergplaneten

a) Unser Sonnensystem gehört zur Galaxie ____________________ . In dieser Galaxie befindet sich unser Sonnensystem nicht im Kern, sondern eher im Randbereich.

b) Den Mittelpunkt unseres Sonnensystems bildet die ____________________ , deren Durchmesser etwa 109-mal länger ist als der der Erde.

c) Unser Sonnensystem umfasst alle Himmelskörper, die von der ________________ (= Gravitation) der Sonne festgehalten werden.

d) Die nach der Sonne größten Himmelskörper unseres Sonnensystems sind ____________________ .

e) Es sind in der Reihenfolge der Entfernung von der Sonne die Planeten Merkur, Venus, ____________________ , Mars, Jupiter, Saturn, Uranus und Neptun. Die Namen dieser Planeten kann man mit dem folgenden Merksatz im Gedächtnis behalten: „**M**ein **V**ater **e**rklärt **m**ir **j**eden **S**amstag/**S**onntag **u**nseren **N**achthimmel."

f) Die Planeten umlaufen unsere Sonne auf einer kreisähnlichen ________________.

g) Umkreist werden die meisten Planeten von ____________________ (=Trabanten).

h) Von den Planeten werden neuerdings die ____________________ Eris, Pluto und Ceres unterschieden.

i) ____________________ (= Planetoiden) sind oft große Felsbrocken, die ebenfalls unsere Sonne umrunden. Die meisten dieser Himmelskörper befinden sich zwischen den Planeten Mars und Jupiter (= Asteroidengürtel).

j) Weitere kleinere Himmelskörper in unserem Sonnensystem sind ____________________ (= Schweifsterne), Meteore (= Sternschnuppen, Feuerkugeln ...) und Meteoriten (= Bruchstücke von Meteoren).

6 Unsere Sonne

Die Sonne ist etwa 4,5 Milliarden Jahre alt und das bei weitem größte Objekt im Sonnensystem. Sie ist ungefähr 149.600.000 km von der Erde entfernt. Die alten Griechen nannten sie Helios und die Römer Sol.

Die Sonne besteht aus ca. 73,5 % Wasserstoff und zu 25 % aus Helium. Die äußeren Schichten der Sonne zeigen unterschiedliche Rotationen: Am Äquator rotiert die Oberfläche einmal alle 25,4 Tage, in der Nähe der Pole dauert es 36 Tage. Das liegt daran, dass die Sonne kein fester Körper wie die Erde ist. Ähnliches Verhalten findet man auch auf den Gasplaneten. Diese unterschiedliche Rotation reicht beträchtlich weit ins Innere, wobei nur der Kern wie ein fester Körper rotiert.

Die Temperatur der Sonne beträgt im Zentrum ca. 15.000.000° C, an der Oberfläche sind ungefähr 6000° C gemessen worden.

Das Magnetfeld: Die Sonne liefert anderen Himmelskörpern unheimlich viel Wärme und Licht. Ohne die Sonne gäbe es kein Leben auf der Erde.

Aufgabe 1:
- *Trage die fehlenden Daten zur Sonne ein.*
- *Ergänze die Sonnenwörter.*

Sonnen ______________

Sonnen ______________

Entfernung von der Erde:

____

Sonnen ______________

Durchmesser der Sonne:

____

Temperatur (im Zentrum): ______________

Temperatur (Oberfläche): ______________

Sonnen ______________

Hauptbestandteile:

____

____

Sonnen ______________

Sonnen ______________

Sonnen ______________

KOHL VERLAG Lernwerkstatt WELTRAUM Sekundarstufe – Bestell-Nr. 11 197

7 Die Planeten unseres Sonnensystems

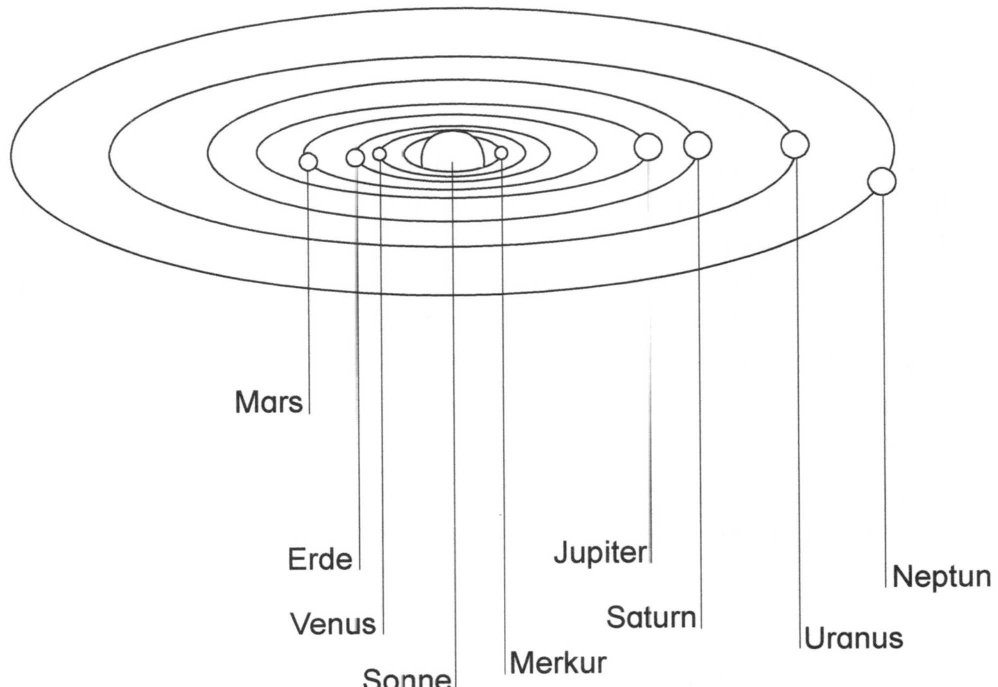

Planeten (= „Wandelsterne“) sind große Himmelskörper, die sich in kreisähnlicher Ellipsenbahn um die Sonne bewegen. Die Planeten sind Fremdleuchter, d.h. sie leuchten nicht selbst, sondern werden von der Sonne angestrahlt. Jeder Planet hat genügend Masse, sodass seine Anziehungskraft (= Gravitation) stark genug ist, trotz Störung eines zweiten Körpers seine Form zu erhalten. Der Planet hat den Raum um seine Bahn herum von kleineren Himmelskörpern „freigefegt“. Die meisten Planeten werden von einem oder mehreren Monden (= Trabanten, „Begleiter“) umkreist. *(Achtung: Pluto zählte früher zu den Planeten. Heute gilt er als Zwergplanet und gehört deshalb nicht mehr zu den Planeten unseres Sonnensystems.)*

Umlaufzeiten um die Sonne:

Die 4 inneren Planeten (= feste Planeten):

Merkur	88 Tage
Venus	224 Tage
Erde	365 Tage 5 Std. 48 Min.
Mars	687 Tage

Die 4 äußeren Planeten (= gasförmige Planeten)

Jupiter	11 Jahre 10 Monate
Saturn	29 Jahre 6 Monate
Uranus	84 Jahre
Neptun	164 Jahre 10 Monate

Unsere Sonne und die Planeten im Größenvergleich:

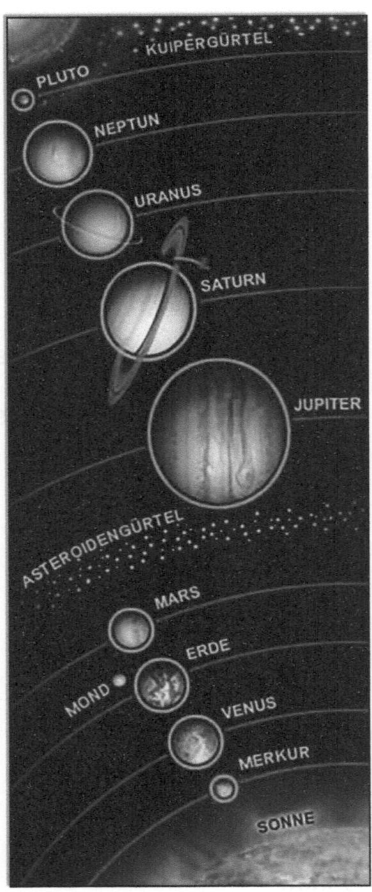

7 Die Planeten unseres Sonnensystems

Aufgabe 1: *Sieh dir die Bilder auf Seite 12 noch einmal genauer an. Die Namen der inneren und äußeren Planeten sind dir inzwischen bekannt. Zwischen den Planeten Mars und Jupiter findest du einen neuen Begriff, den sogenannten „Asteroidengürtel".*

a) Was meinst du, warum man ihn Gürtel nennt?

____

____

b) Welche Objekte befinden sich innerhalb dieses Gürtels? Forsche im Internet nach. Nenne mindestens vier Beispiele.

____

____

c) Notiere eine kurze Definition für den Begriff „Asteroidengürtel".

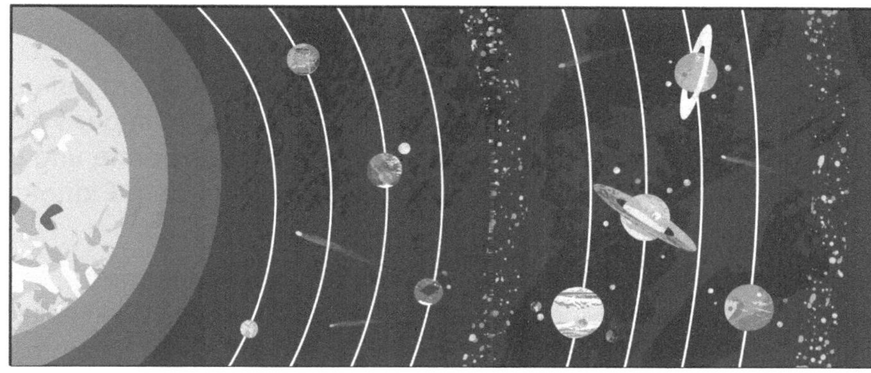

____

____

____

____

d) Zum Nachdenken: Kann dieser Asteroidengürtel deiner Meinung nach zu einer Gefahr für die Menschen werden? Begründe deine Meinung.

____

____

____

____

KOHL VERLAG Lernwerkstatt WELTRAUM Sekundarstufe – Bestell-Nr. 11 197

8 Entfernungen und Größen in unserem Sonnensystem

	Mittlere Entfernung von der Sonne	Äquatordurchmesser
Sonne		ca. 1.390.000 km
Merkur	ca. 57.900.000 km	ca 4.880 km
Venus	ca. 108.200.000 km	ca. 12.104 km
Erde	ca. 149.600.000 km	ca. 12.756 km
Mars	ca. 227.000.000 km	ca. 6.793 km
Jupiter	ca. 778.300.000 km	ca. 143.800 km
Saturn	ca. 1.427.000.000 km	ca. 120.000 km
Uranus	ca. 2.870.000.000 km	ca. 52.300 km
Neptun	ca. 4.497.000.000 km	ca. 49.500 km

(Aus: Das muss ich wissen! Das große Buch der Allgemeinbildung; hrsg. V. Wilhelm Heyne Verlag; München 2002; S. 68 und 73)

Entfernungen sowie Größen der genannten Himmelskörper lassen sich verkleinert im Modell veranschaulichen. Beispiele:

- Darstellung der Entfernungen zwischen den Himmelskörpern, Verkleinerung im Klassenraum bzw. Fachraum: 1 mm im Modell entspricht 1.000.000 km in der Wirklichkeit.
  Folglich müsste die Erde im Modell etwa 149 mm (~ 15,0 cm) von der Sonne entfernt sein, Neptun 4 497 mm (~ 4,50 m).
- Darstellung der Entfernungen zwischen den Himmelskörpern auf dem Schulhof oder Sportplatz; 1 cm im Modell entspricht 1.000.000 km in der Wirklichkeit.
  Demzufolge wäre im Modell der Abstand zwischen der Sonne und der Erde ungefähr 149 cm (= 1,50 m), zwischen der Sonne und dem Planeten Neptun 4497 cm (= 45,00 m).
- Darstellung der unterschiedlichen Größen der Himmelskörper:
  Verkleinerung 1 mm im Modell entspricht 1000 km in der Wirklichkeit.
  Bei dieser Verkleinerung hätte die Sonne als Modell einen Durchmesser von 1390 mm (= 1,39 m), die Erde einen Durchmesser von ca. 13 mm (= 1,3 cm) und Neptun einen Durchmesser von etwa 49 mm (= 4,9 cm).

Aufgabe 1: *Stelle den im ersten Beispiel genannten Abstand der Sonne von der Erde zeichnerisch auf der Rückseite des Blattes dar. Gib den Maßstab an.*

Vorschlag:
Baut auf eurem Schulhof einen eigenen Planetenlehrpfad!

Lernwerkstatt WELTRAUM
KOHL VERLAG

9 Die inneren Planeten unseres Sonnensystems

Die inneren Planeten liegen unserer Sonne am nächsten. Im Gegensatz zu den äußeren Planeten ist bei den inneren unseres Sonnensystems die Oberfläche jeweils fest, sie besteht aus Gestein. Von daher werden die inneren Planeten auch als Gesteinsplaneten (Planeten mit fester Oberfläche) bezeichnet.

Merkur

Merkur ist der sonnennächste und kleinste Planet unseres Sonnensystems. Er ist benannt nach dem römischen Gott des Handels, auch der Götterbote. Auf dem Merkur kommen unzählige Krater vor. Die Temperaturen auf diesem Planeten schwanken zwischen etwa +450° Celsius (am Tage) und -180° Celsius (in der Nacht). Merkur besitzt eine sehr dünne Atmosphäre, diese setzt sich zusammen aus Sauerstoff, Natrium und Wasserstoff. Der Merkur besitzt keinen Mond. Wegen der Nähe zur Sonne ist Merkur von der Erde aus mit den bloßen Augen nur schwer zu beobachten. In 58 Stunden dreht sich Merkur einmal um die eigene Achse, in 88 Tagen einmal um die Sonne.

Venus

Die Venus ist etwas kleiner als die Erde und wird auch als Zwillingsplanet der Erde bezeichnet. Ebenfalls wird die Venus Morgenstern und Abendstern genannt, da sie zeitweise morgens und abends von der Erde aus zu sehen ist. Mit über +450° Celsius ist die Venus der heißeste und hellste Planet unseres Sonnensystems. Der Planet trägt den Namen der römischen Göttin der Liebe und Schönheit. Die Venus ist umgeben von Wolken, die Atmosphäre besteht hauptsächlich aus Kohlendioxid, außerdem aus Schwefelgas und Schwefelsäure. Die Rotationszeit der Venus um die eigene Achse beträgt 243 Stunden, die Umlaufzeit um die Sonne 224 Tage.

Erde

Zu über 70% ist die Oberfläche der Erde von Wasser bedeckt. Wegen der großen Wasserflächen sowie der Himmelsfärbung wird die Erde als „blauer Planet" bezeichnet. Die Erde ist der einzige Planet unseres Sonnensystems, der natürliche Voraussetzungen für das Leben von Menschen und anderen Lebewesen aufweist (gemäßigte Temperaturen, Luft zum Atmen, flüssiges Wasser …). Die Atmosphäre der Erde setzt sich überwiegend aus Stickstoff und Sauerstoff zusammen. Für eine Umdrehung um die eigene Achse braucht die Erde ca. 24 Stunden, für eine Umdrehung um die Sonne etwa 365 Tage. Die Erde wird von einem Mond umlaufen.

Mars

Der Planet Mars heißt so wie der römische Kriegsgott. Dieser Planet ist ungefähr halb so groß wie die Erde. Da die Oberfläche des Mars mit rötlichem Staub und rötlichen Gesteinsbrocken bedeckt ist, wird der Himmelskörper auch „roter Planet" genannt. Auf dem Mars gibt es die höchste Erhebung aller 8 Planeten unseres Sonnensystems – ein erloschener Vulkan, der über 25.000 m hoch ist. Die Durchschnittstemperatur auf dem Mars liegt bei über -60° Celsius. Der Mars besitzt eine dünne Atmosphäre hauptsächlich aus Kohlendioxid und wird begleitet von zwei kleinen Monden. In ca. 24,5 Stunden dreht sich der Mars einmal um sich selbst, in 687 Tagen einmal um die Sonne. Voraussichtlich werden bald Menschen per Raumschiff auf dem Mars landen und vielleicht dort später wohnen.

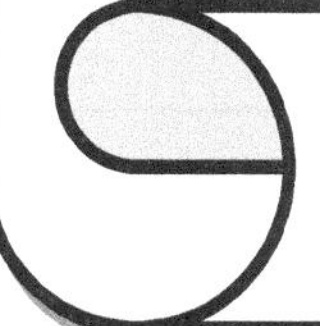

9 Die inneren Planeten unseres Sonnensystems

Aufgabe 1: *Beantworte die folgenden Fragen zum Text in vollständigen Sätzen.*

a) Wie heißen die vier inneren Planeten unseres Sonnensystems?

b) Was haben die vier inneren Planeten unseres Sonnensystems im Gegensatz zu den äußeren Planeten gemeinsam?

c) Warum ist Merkur von der Erde aus mit bloßem Augen nur schwer zu beobachten?

d) Wieso wird die Venus auch Morgenstern und Abendstern genannt?

e) Wie wird die Erde bezeichnet und warum wird sie so bezeichnet?

f) Weswegen können auf der Erde Menschen und andere Lebewesen leben?

9 Die inneren Planeten unseres Sonnensystems

g) Wie ist für den Mars die Bezeichnung „roter Planet“ zu erklären?

h) Wonach sind fast alle Planeten unseres Sonnensystems benannt?

i) Warum (wohl) ist es auf den Planeten Merkur und Venus tagsüber so heiß?

j) Weshalb (wohl) ist es auf der Venus noch heißer als auf dem Merkur?

Aufgabe 2: *Male die vier inneren Planeten nach den verschiedenen Beschreibungen im Text aus.*

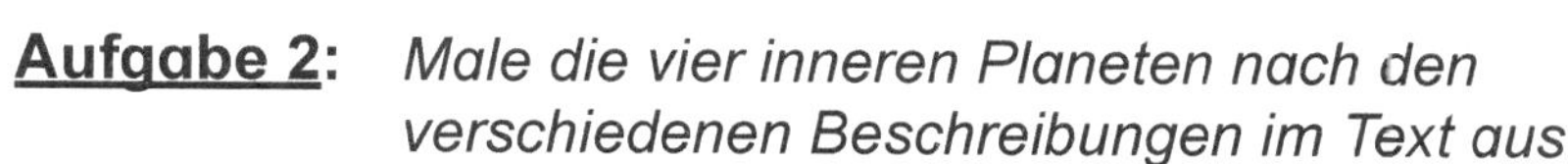

Mars

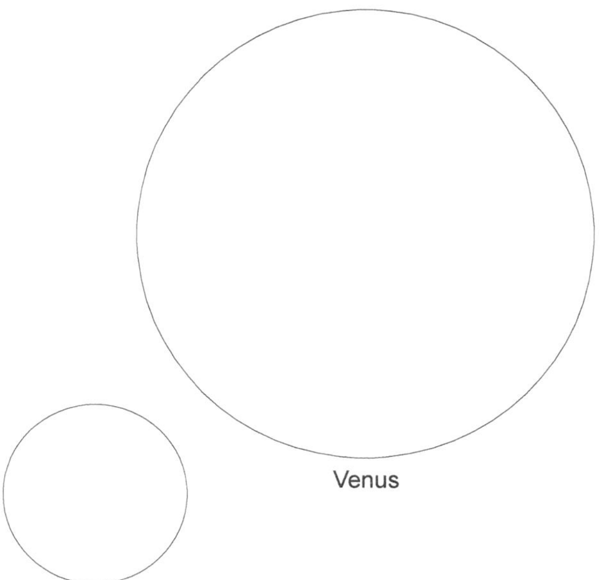

Venus

Merkur

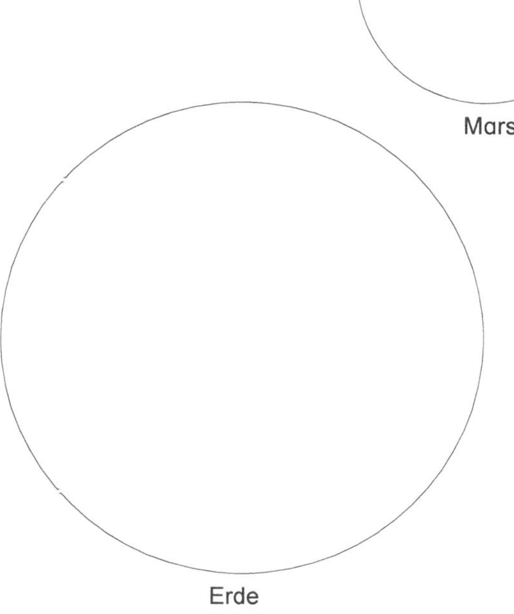

Erde

Lernwerkstatt WELTRAUM
Sekundarstufe – Bestell-Nr. 11 197

10 Die äußeren Planeten unseres Sonnensystems

Jupiter, Saturn, Uranus und Neptun sind die vier äußeren Planeten unseres Sonnensystems. Sie sind von der Sonne weiter entfernt als die inneren Planeten. Während die inneren Planeten jeweils eine feste Oberfläche aufweisen, ist die Oberfläche der äußeren Planeten nicht fest, sondern besteht hauptsächlich aus Gasen, außerdem Flüssigkeiten. Deshalb nennt man die äußeren Planeten auch Gasplaneten bzw. gasförmige Planeten. Als Grenzbereich zwischen den inneren und äußeren Planeten kann man den zwischen den Planeten Mars und Jupiter gelegenen Astroidengürtel betrachten.

Jupiter

Der Jupiter, der nach dem obersten römischen Gott so heißt, ist der größte Planet unseres Sonnensystems. Auf diesem Planeten liegt die durchschnittliche Temperatur der Oberfläche bei -130° Celsius. Die Atmosphäre des Jupiters besteht hauptsächlich aus einem Gemisch von Wasserstoff und Helium. Der Planet hat einen riesigen roten Fleck, der einen gewaltigen Wirbelsturm darstellt und größer als die Erde ist. Jupiter ist am Himmel sehr hell zu sehen. Er bewegt sich in knapp 10 Stunden einmal um sich selbst und in fast 12 Jahren einmal um die Sonne. Der Jupiter wird von mehr als 60 Monden umkreist.

Saturn

Der Saturn ist nach dem römischen Gott des Ackerbaus benannt. Dieser Planet ist der zweitgrößte Planet unseres Sonnensystems. Zwar weisen alle vier Gasplaneten um sich herum Ringe auf, Saturn jedoch am auffälligsten. Aus diesem Grund wird der Saturn auch als „Ringplanet" bezeichnet. Das aus Gesteinsbrocken, Staub- und Eisteilchen bestehende Ringsystem setzt sich aus überaus zahlreichen einzelnen Ringen zusammen. Saturn besitzt die geringste Dichte aller 8 Planeten unseres Sonnensystems, die Dichte ist sogar geringer als die des Wassers. Die Atmosphäre des Saturns wird ähnlich wie die des Jupiters hauptsächlich gebildet von Wasserstoff, zudem Helium. Auf dem Saturn ist es noch kälter als auf dem Planeten Jupiter. Auch Saturn hat viele Monde. Der Planet benötigt ca. 10,5 Stunden für eine Drehung um die eigene Achse und etwa 29,5 Jahre, um die Sonne einmal zu umlaufen.

Uranus

Im Jahre 1781 wurde Uranus per Fernrohr entdeckt. Der Planet trägt den Namen des römischen und griechischen Gottes des Himmels. Uranus ist der drittgrößte Planet unseres Sonnensystems. An der Oberfläche des Uranus beträgt die Durchschnittstemperatur über -200° Celsius. Die Atmosphäre ähnelt der der anderen Gasplaneten unseres Sonnensystems. Uranus dreht sich in ca. 17 Stunden um die eigene Achse, fast senkrecht zu seiner Umlaufbahn um die Sonne; mit anderen Worten: Uranus rollt entlang der Bahn um die Sonne. Für einen Umlauf um die Sonne braucht Uranus etwa 84 Jahre. Der Uranus hat ebenfalls etliche Monde, nach dem derzeitigen Forschungsstand etwa halb so viele wie jeweils die Planeten Jupiter und Saturn.

10 Die äußeren Planeten unseres Sonnensystems

Neptun

Neptun wurde im Jahr 1846 mit einem Fernrohr erkannt. Er ist der Planet unseres Sonnensystems, der am weitesten von der Sonne entfernt ist. Der Planet hat den Namen des römischen Gottes des Meeres. Von allen Planeten unseres Sonnensystems wurden auf Neptun die höchsten Windgeschwindigkeiten gemessen (bis zu 2000 km/h), daher auch die Bezeichnung „Neptun = Planet der Winde“. Neptun ist der kälteste Planet unseres Sonnensystems und besitzt eine Atmosphäre überwiegend aus Wasserstoff, außerdem Helium und Methan. Die Umlaufzeit von Neptun um die eigene Achse liegt bei 16 Stunden, die Umlaufzeit um die Sonne beträgt nahezu 165 Jahre. Ebenfalls um Neptun herum kreisen Monde.

Aufgabe 1: *Beantworte die folgenden Fragen zum Text in vollständigen Sätzen.*

a) Wie heißen die vier äußeren Planeten unseres Sonnensystems?

____

____

b) Welche Gemeinsamkeit haben die vier äußeren Planeten unseres Sonnensystems im Gegensatz zu den inneren Planeten?

____

____

c) Wieso kann man den Jupiter als „Riesenplaneten" bezeichnen?

____

____

____

Jupiter

d) Was verbirgt sich hinter dem riesigen roten Fleck auf dem Planeten Jupiter?

____

____

Lernwerkstatt WELTRAUM Sekundarstufe – Bestell-Nr. 11 197
KOHL VERLAG

10 Die äußeren Planeten unseres Sonnensystems

e) Worauf ist für den Saturn die Bezeichnung „Ringplanet" zurückzuführen?

f) Wann und womit wurde der Planet Uranus entdeckt?

g) Auf welche Weise bewegt sich der Uranus um sich selbst und um die Sonne?

h) Wie wird der Planet Neptun sonst noch genannt? Wie ist die Bezeichnung zu erklären?

i) Warum ist es von allen Planeten unseres Sonnensystems auf dem Neptun am kältesten?

j) Wovon werden alle vier äußeren Planeten unseres Sonnensystems umkreist?

Aufgabe 2: Kaum zu glauben!

Stell dir vor, die Sonne wäre ein Wasserball. Wie groß wären dann ungefähr ... (finde einen Vergleich)

a) *... die Erde?* ______

b) *... der Mond?* ______

Planeten unseres Sonnensystems im Größenvergleich

Aufgabe 1: **a)** *Informiere dich in Lexika oder im Internet, welches äußere Erscheinungsbild die einzelnen Planeten haben. Male sie dementsprechend an.*

b) *Schneide die einzelnen Planeten sorgfältig aus.*

c) *Klebe sie entsprechend der Reihenfolge ihres Abstandes von der Sonne der Reihe nach auf ein Extrablatt.*

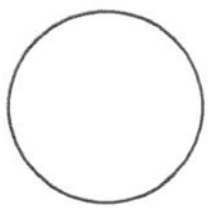

Hier sind die Größen der 8 Planeten unseres Sonnensystems verkleinert im Maßstab 1 : 1.000.000.000 dargestellt. Im demselben Maßstab verkleinert müsste die Sonne als Abbildung einen Durchmesser von 1,39 m haben!

Neptun

Venus

Erde

Uranus

Saturn

Übrigens: Bei einer Verkleinerung von 1 : 1.000.000.000 müsste maßstabsgetreu die Neptun-Abbildung eigentlich 4,497 km von der Abbildung der Sonne entfernt platziert werden, die Merkur-Abbildung in einem Abstand von 57,9 m!

KOHL VERLAG Lernwerkstatt WELTRAUM Sekundarstufe – Bestell-Nr. 11 197

11 Alle Planeten unseres Sonnensystems im Größenvergleich

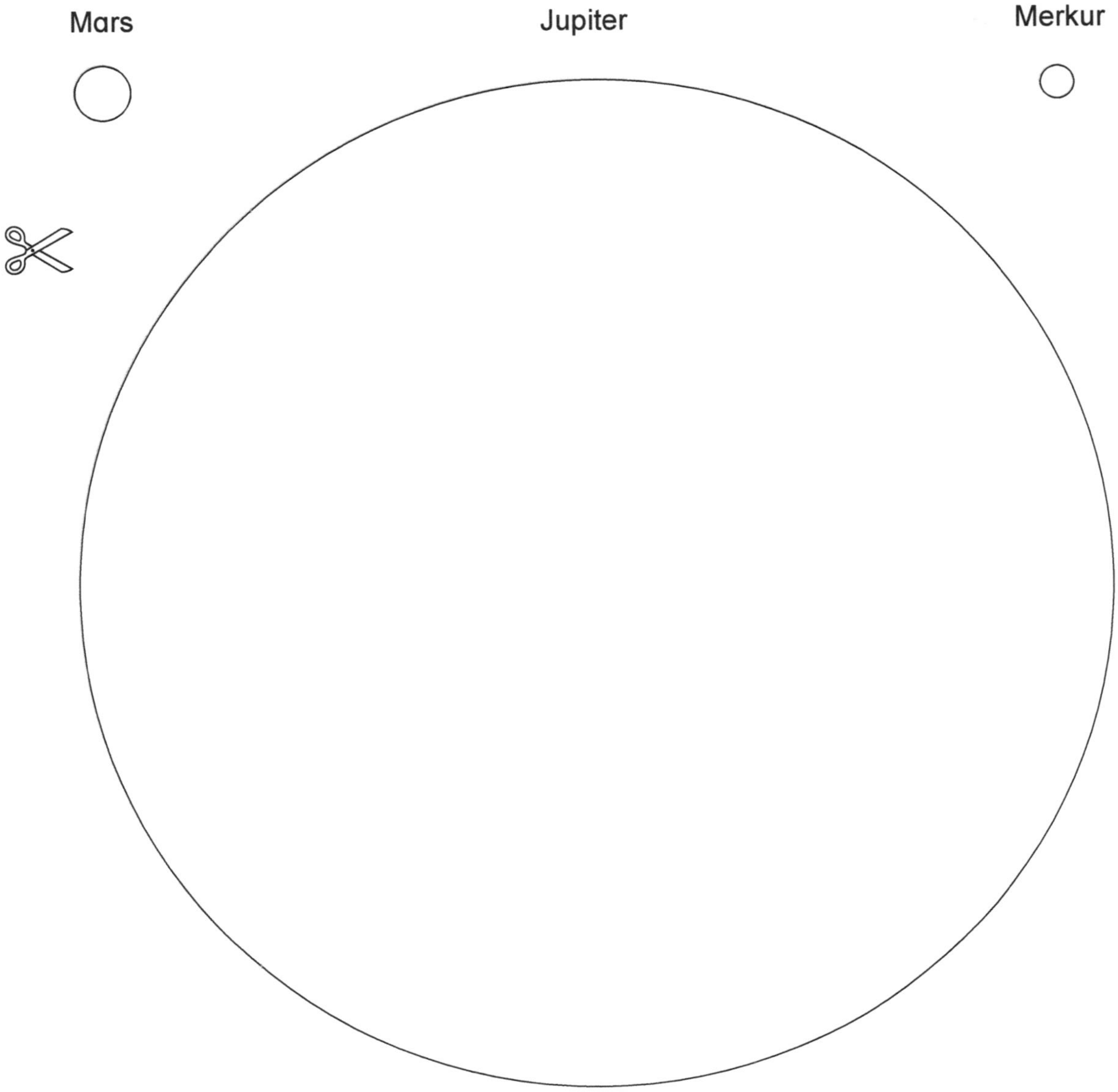

Mars

Jupiter

Merkur

Die Abbildungen lassen sich unter anderem im Unterrichtsraum z.B. mit Hilfe von Magneten an der Wandtafel anbringen, per Nadeln an einer Pinnwand festmachen, an eine Wand kleben bzw. mittels Klebestoff und Bindfäden an der Decke des Raumes befestigen (möglicherweise als Mobile).

Weitere Bastelvorschläge in der Lernwerkstatt „Weltraum":

- Bau einer Sonnenuhr mit Hilfe der Sonnenstände
- Bau eines Stock-Kompasses per Sonnenstände
- Bau eines Modells zur Demonstration der Mond- und Sonnenfinsternis (Hilfsmittel unter anderem eine Taschenlampe)
- Bau einer Ballonrakete zur Verdeutlichung des Rückstoßprinzips sowie der Schubkraft (Hilfsmittel unter anderem ein Luftballon)
- Bau einer Raumfähre als Modell aus Pappe
- …

12 Der Mars

Aufgabe 1: *Ergänze die Satzanfänge.*

auf einer elliptischen Bahn die Sonne. – aus Kohlendioxid. – ein Drittel so stark wie auf der Erde. – ein Nachbarplanet der Erde. – etwa 35° Celsius und minus 125° Celsius. – Menschen dort vorübergehend auf oder wohnen dort sogar. – rötlichem Gestein, Kies bzw. Sand. – ungefähr halb so groß wie die Erde. – über 26.000 m hoher Vulkan. – zwei Monde.

a) Der Mars ist ____.

b) Möglicherweise halten sich zukünftig ______________________________

____.

c) In etwa 687 Tagen umkreist der Mars ______________________________

____.

d) Der Mars besitzt ____.

e) Mit einem Durchmesser von fast 6800 km ist der Mars ________________

____.

f) Auf dem Mars betragen die Temperaturen zwischen ____________________

____.

g) Ein großer Teil der Marsoberfläche ist bedeckt von ____________________

____.

h) Die höchste Erhebung auf dem Mars und zugleich in unserem Sonnensystem

ist ein ____.

i) Die Schwerkraft auf dem Mars ist etwa ______________________________

____.

j) Zu etwa 95 % besteht die Atmosphäre des Mars ______________________

____.

KOHL VERLAG Lernwerkstatt WELTRAUM Sekundarstufe – Bestell-Nr. 11 197

Von der Oberfläche des Mars gibt es immer genauere Bilder, die von Roboterfahrzeugen, die auf dem Planeten landeten, aufgenommen wurden. Im Jahre 1997 haben die Armerikaner mit einem solchen Roboterauto, dem Paht-Finder, die Oberfläche des Mars fotografiert.

Die rost rote Farbe hat sich durch den Eisengehalt der Steine gebildet. Weiterhin findet man auf der Oberfläche Unmengen an Gesteinsbrocken, Krater, riesige Canyons und Vulkane.

Der größte Vulkan ist der Olympus Mons, er ist etwa 500 km breit und 25 km hoch.

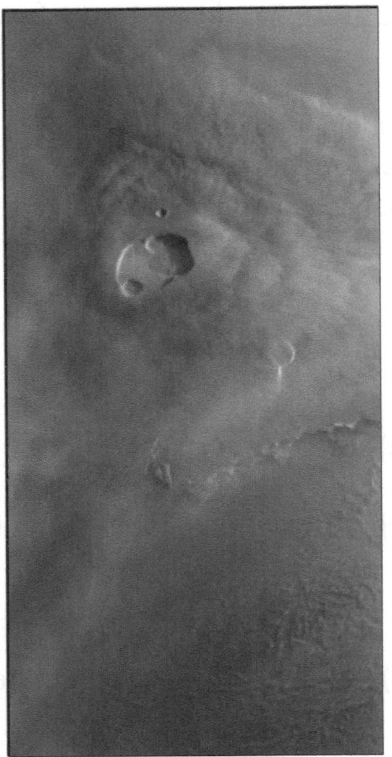

Aufgabe 1: *Bearbeite **eine** der drei folgenden Aufgaben.*

1

Stell dir vor, du sitzt in dem Roboterauto und erkundest die Marsoberfläche. Schreibe auf, was du siehst und erlebst.

2

Du betrachtest die Marsoberfläche mathematisch. Erstelle aus den Angaben des Textes ein maßstabgetreues Schema der Oberfläche. Entscheide dich für eine Form der Darstellung.

3

Erstelle ein künstlerisches Bild, das die Marsoberfläche darstellt.

13 Planeten-Quiz

Aufgabe 1: *Welcher Planet unseres Sonnensystems ist jeweils gemeint? Trage ein.*

> **Hinweis:** Alle acht Planeten werden jeweils dreimal angesprochen!

a) … befindet sich am dichtesten an der Sonne = ____________________

b) … ist der am weitesten von der Sonne entfernte Planet = ____________________

c) … Atmosphäre besteht hauptsächlich aus Stickstoff und Sauerstoff = ____________________

d) … vielleicht leben dort zukünftig Menschen = ____________________

e) … wird als „blauer Planet“ bezeichnet = ____________________

f) … trägt den Namen „roter Planet“ = ____________________

g) … hat einen riesigen roten Fleck = ____________________

h) … wird auch „Ringplanet“ genannt = ____________________

i) … ist der größte der acht Planeten = ____________________

j) … ist der zweitgrößte Planet = ____________________

k) … ist der drittgrößte Planet = ____________________

l) … ist der kleinste Planet = ____________________

m) … fast so groß wie die Erde = ____________________

n) … der heißeste und hellste Planet = ____________________

o) … erster Planet, der per Fernrohr entdeckt wurde = ____________________

p) … am weitesten entfernter Planet, den man von der Erde aus ohne Fernrohr sehen kann = ____________________

q) … wird auch Morgenstern und Abendstern genannt = ____________________

r) … nach dem mächtigsten römischen Gott bezeichnet = ____________________

s) … ist nach dem römischen Gott der Meere benannt. = ____________________

t) … umläuft die Sonne in etwa 88 Tagen = ____________________

u) … umläuft die Sonne in etwa 365 Tagen = ____________________

v) … umläuft die Sonne in fast 165 Jahren = ____________________

w) … umläuft die Sonne in 84 Jahren einmal = ____________________

x) … hat den höchsten Berg aller acht Planeten = ____________________

KOHL VERLAG
Lernwerkstatt WELTRAUM
Sekundarstufe – Bestell-Nr. 11 197

14 Planeten-Quartett – ein Kartenspiel

Spielerzahl:	3 oder 4 Personen
Spielmaterialien:	32 Spielkarten
Spielregeln:	Das Spiel lässt sich nach den Regeln des allgemein bekannten Spiels Quartett austragen. Ziel der Spieler ist es, möglichst viele Quartette zu sammeln. Ein Quartett besteht aus 4 zusammengehörigen Spielkarten zu einem Planeten. Vor Spielbeginn werden alle 32 Spielkarten gründlich gemischt und an die einzelnen Spieler verteilt. Im Verlauf des Spiels befragt jeweils ein Spieler einen anderen Spieler nach einer Karte, die er zur Bildung eines Quartetts haben möchte. Beispielfrage: „Hast du eine Venus-Karte?“ Fragen sind wahrheitsgemäß zu beantworten. Sofern der befragte Spieler eine solche Karte besitzt, muss er diese dem Fragesteller geben. Danach darf der Fragesteller beim selben Spieler bzw. bei einem anderen Spieler nach weiteren Karten so lange fragen, bis der Antwortgeber eine gewünschte Karte nicht besitzt und dies auch sagt. Das Fragerecht geht auf den soeben befragten Spieler über, der die gewünschte Karte nicht hat. Vor Spielbeginn kann vereinbart werden, dass ein Spieler nach einer Karte aus einem bestimmten Quartett nur fragen darf, wenn er aus diesem Quartett mindestens eine Karte bereits besitzt. Sofern ein Spieler ein Quartett vollständig zusammen hat, zeigt er dieses allen Spielern und legt es neben sich ab.
Spielsieg:	Wer schließlich die meisten Quartette besitzt, ist der Gewinner des Spiels.
Spielvariationen:	• Die Spieler dürfen jeweils lediglich einmal nach einer Karte fragen, anschließend geht das Fragerecht auf den soeben befragten Spieler über. Gespielt wird im Uhrzeigersinn. • Nach Karten wird nicht gefragt, sondern diese werden aus dem verdeckten Bestand gezogen, den ein anderer Spieler in einer Hand hat. • Mit den 32 Karten wird das ebenfalls allgemein bekannte Spiel „Memory“ bestritten. Nach dem Mischen werden alle Karten zu Spielbeginn mit der Vorderseite nach unten auf einer Spielfläche (z.B. Tisch) ausgelegt. Entweder wird „Zweier-Memory“ oder „Vierer-Memory“ (= Quartett) gespielt. Beim „Zweier-Memory“ sind jeweils zwei zusammengehörige Karten (= Kartenpaare) zu entdecken, beim „Vierer-Memory“ jeweils vier zusammengehörige Karten.

Merkur

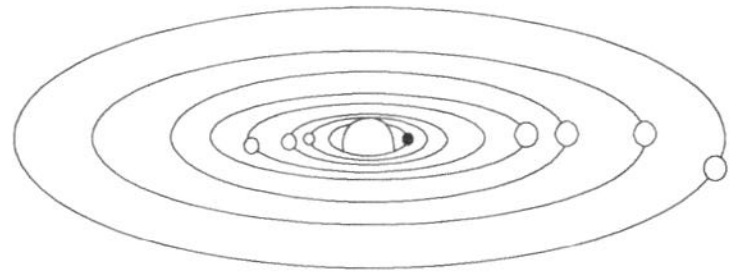

Der erste Planet (von der Sonne aus gesehen)

Merkur

Äquatordurchmesser: ca. 4 880 km

Merkur

Symbol

Merkur

„Der kleinste Planet“

Besonderes Merkmal

Venus

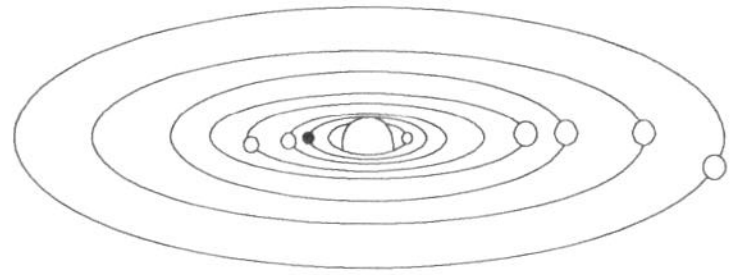

Der zweite Planet (von der Sonne aus gesehen)

Venus

Äquatordurchmesser: ca. 12 104 km

Venus

Symbol

Venus

„Der heißeste und hellste Planet“

Besonderes Merkmal

<u>Tipp</u>: Die Vorlage lässt sich per Fotokopierer auf härteren Untergrund übertragen. Anschließend sind die Spielkarten einzeln auszuschneiden.

14 Planeten-Quartett – ein Kartenspiel

Erde

Der dritte Planet
(von der Sonne aus gesehen)

Erde

Äquatordurchmesser:
ca. 12.756 km

Erde

Symbol

Erde

„Der blaue Planet"

Besonderes Merkmal

Mars

Der vierte Planet
(von der Sonne aus gesehen)

Mars

Äquatordurchmesser:
ca. 6793 km

Mars

Symbol

Mars

„Der rote Planet"

Besonderes Merkmal

Tipp: Die Vorlage lässt sich per Fotokopierer auf härteren Untergrund übertragen. Anschließend sind die Spielkarten einzeln auszuschneiden.

14 Planeten-Quartett – ein Kartenspiel

Jupiter	Jupiter	Jupiter	Jupiter
Der fünfte Planet (von der Sonne aus gesehen)	Äquatordurchmesser: ca. 143.800 km	♃ Symbol	„Der Riesenplanet mit dem roten Fleck“ Besonderes Merkmal

Saturn	Saturn	Saturn	Saturn
Der sechste Planet (von der Sonne aus gesehen)	Äquatordurchmesser: ca. 120.000 km	♄ Symbol	„Der Ringplanet“ Besonderes Merkmal

<u>Tipp</u>: Die Vorlage lässt sich per Fotokopierer auf härteren Untergrund übertragen. Anschließend sind die Spielkarten einzeln auszuschneiden.

14 Planeten-Quartett – ein Kartenspiel

Uranus

Der siebte Planet (von der Sonne aus gesehen)

Uranus

Äquatordurchmesser: ca. 52.300 km

Uranus

Symbol

Uranus

„Der rollende Planet“

Besonderes Merkmal

Neptun

Der achte Planet (von der Sonne aus gesehen)

Neptun

Äquatordurchmesser: ca. 49.500 km

Neptun

Symbol

Neptun

„Der Planet der Winde“

Besonderes Merkmal

Tipp: Die Vorlage lässt sich per Fotokopierer auf härteren Untergrund übertragen. Anschließend sind die Spielkarten einzeln auszuschneiden.

15 Expertenwissen

Aufgabe 1: *Im Weltraum gibt es allerlei Dinge. Überlege und ordne die folgenden Begriffe den anschließend angeführten Beschreibungen/Erklärungen richtig zu. Schreibe jeweils den Begriff als Überschrift zu der Beschreibung/Erklärung!*

Die Begriffe (in alphabetischer Reihenfolge):

Asteroid – Fixsterne – Galaxie – Komet – Meteor – Meteorit – Mond – Nova – Planet – Pulsar – Quasar – Riese – Schwarzes Loch – Supernova – Zwerg – Zwergplanet

A

____

= Ansammlung von zig Milliarden Sternen zu einem selbstständigen Sternensystem. Die Milchstraße (= Galaxie) bildet ein solches Sternensystem. Ein der Milchstraße benachbartes Sternensystem ist Andromeda (auch Andromedanebel genannt).

B

____

= geheimnisvolle Erscheinung im Weltraum, hat eine gewaltige Anziehungskraft. Planeten und Sonnen verschwinden darin, auch Licht entkommt nicht.

C

____

= Himmelskörper, die überaus weit entfernt sind und leuchten wie unsere Sonne. Früher glaubte man diese Himmelskörper wären jeweils fest an einer Stelle und benannte sie dementsprechend. Tatsächlich bewegen sie sich jedoch und rasen mit einer hohen Geschwindigkeit durch den Weltraum. Ein solcher Himmelskörper, der unserem Sonnensystem am nächsten ist, ist Proxima Centauri.

D

____

= veränderlicher Stern, dessen Helligkeit plötzlich, schnell und stark zunimmt.

E

____

= gewaltige Explosion eines sehr großen Sterns am Ende seines Bestehens. Dabei werden riesige Mengen an Staub, Gasen, Licht und Strahlen freigesetzt.

F

____

= kleiner bzw. mittelgroßer Stern. Unsere Sonne ist ein durchschnittlich großer Stern.

G

______________________ = kleiner Körper aus Gestein, Gasen und Eis, der sich auf einer sehr weiten, langgestreckten Ellipsenbahn um unsere Sonne bewegt (Durchmesser bis zu 100 km). Er wird auch Schweifstern oder „schmutziger Schneeball" genannt.

Lernwerkstatt WELTRAUM Sekundarstufe – Bestell-Nr. 11 197
KOHL VERLAG

15 Expertenwissen

H

______________________ = gigantisch großer Stern mit enormer Leuchtkraft. Er kann einen Durchmesser haben, der bis zu mehrere hundert Male größer ist als der unserer Sonne.

I

______________________ = normalerweise ein sehr kleiner Gesteinsbrocken aus dem Weltraum, der durch die Erdatmosphäre auf die Erdoberfläche trifft.

J

______________________ = sehr dichter Neutronenstern, der überaus schnell rotiert.

K

______________________ = sternenähnliches Objekt; sendet riesige Mengen an Strahlung aus, ist wahrscheinlich bzw. möglicherweise eine Galaxie in der frühen Phase.

L

______________________ = größerer Himmelskörper, der regelmäßig gewöhnlich eine Sonne umkreist. Er leuchtet nicht selbst, sondern wird von der jeweiligen Sonne angestrahlt und reflektiert Licht. Man bezeichnete ihn früher oft auch als einen Wandelstern.

M

______________________ = kleinerer Planet, der ständig unsere Sonne auf einer Umlaufbahn umkreist.

N

______________________ = Leuchterscheinung am Himmel. Diese entsteht, wenn ein Gesteinsbrocken aus dem Weltraum bei Eintritt in die Erdatmosphäre aufgeheizt wird und verglüht.

O

______________________ = Begleiter (= Trabant) eines Planeten, er umläuft diesen.

P

______________________ = Kleinplanet, auch Planetoid genannt, der unsere Sonne umläuft. Oft ist es ein großer Felsbrocken. Die meisten befinden sich zwischen Mars und Jupiter, d.h. zwischen den inneren und den äußeren Planeten unseres Sonnensystems befindet sich ein solcher „Gürtel".

16 Kosmos von A … bis Z …

Anfangs-buch-staben	Aufgaben	✎ Antworten
A	Gashülle, die Planeten umgibt	A
B	Meteor, der eine Feuerkugel ist	B
C	Name eines Zwergplaneten	C
D	Zwei Sterne, die sich umeinander drehen	D
E	Form in der sich die Wandelsterne unseres Sonnensystems um unsere Sonne bewegen	E
F	Das Gegenteil von einem Wandelstern	F
G	Viele Milliarden von Sternen, die sich um ein gemeinsames Zentrum drehen	G
H	Name eines Schweifsterns, der unsere Sonne innerhalb von 76 Jahren umrundet	H
I	Überstaatliche Raumstation im Weltall	I
J	Größter Wandelstern unseres Sonnen-systems	J
K	Fachbegriff für einen Schweifstern	K
L	Entfernungsmaßeinheit in der Astronomie	L
M	Begleiter (Trabant) der Erde	M
N	Stern, der plötzlich hell aufflammt	N
O	Name eines Sternbilds	O
P	Fachbezeichnung für einen Wandelstern	P
Q	Hellste Lichtquellen, Objekte weit entfernt im Weltraum, starke Radiowellen	Q
R	Sonnen im Weltraum, die verhältnismäßig groß sind	R
S	Massenreicher Stern, der explodiert	S
T	Fremdwort für astronomische Fernrohre	T
U	Ein anderes Wort für Weltall	U
V	Himmelskörper unseres Sonnensystems, wird als „Morgenstern“ und „Abendstern“ bezeichnet	V
W	Element, woraus zu einem großen Teil unsere Sonne besteht	W
Z	Sonnen im Weltraum, die verhältnismäßig klein sind	Z

KOHL VERLAG Lernwerkstatt WELTRAUM Sekundarstufe - Bestell-Nr. 11 197

17 Fremdwörter

Aufgabe 1: *Was ist was? Ordne die folgenden 19 Fremdwörter richtig zu.*

Alien – Asteroid – Astronaut – Atmosphäre – Fixstern – Galaxie – Gravitation – Komet – Meteor – Meteorit – Planet – Raumsonde – Satellit – Sciencefiction – Spacelab – Spaceshuttle – Trabant – Ufo – Universum

a) .... = technischer Zukunftsroman

b) .... = Weltraum

c) .... = z.B. Milchstraße oder auch andere Sternensysteme außerhalb der Milchstraße

d) .... = gasförmige Hülle eines Planeten

e) .... = Schwerkraft, Anziehungskraft

f) .... = scheinbar feststehender Stern

g) .... = „Wandelstern"

h) .... = z.B. der Mond unserer Erde

i) .... = Kleinplanet (Planetoid)

j) .... = „Schweifstern"

k) .... = Gesteinsbrocken aus dem Weltraum, der beim Eindringen in die Erdatmosphäre eine Leuchterscheinung hervorruft

l) .... = Meteorstein, der auf die Erde gelangt

m) .... = unbekanntes Flugobjekt

n) .... = Fremdling, Außerirdischer

o) .... = künstlicher Raumkörper

p) .... = unbemanntes Raumfahrzeug

q) .... = Weltraumtransporter, Weltraumgleiter

r) .... = Weltraumlabor

s) .... = Weltraumfahrer

18 Der Mond der Erde

Aufgabe 1: *Ergänze die Sätze.*

die Fläche von Afrika – Gebirgen, Hochebenen und Kratern – umkreist der Mond die Erde auf einer ellipsenförmigen Bahn – andere Himmelskörper außer der Erde, der von Menschen betreten wurde – ein Viertel so lang wie der der Erde – Menschen (zwei US-amerikanischen Astronauten) betreten – Atmosphäre – 130° Celsius auf der Sonnenseite und minus 160° Celsius auf der Schattenseite – ein Sechstel so stark wie auf der Erde – der Erde beträgt durchschnittlich 384.000 km

a) Der Mond ist bisher der einzige ______________________________

____.

b) Im Jahr 1969 wurde der Mond erstmals von ______________________________

____.

c) Die mittlere Entfernung zwischen dem Mond und ______________________________

____.

d) Der Durchmesser des Mondes ist etwa ______________________________

____.

e) Die Oberfläche des Mondes ist ein wenig kleiner als ______________________________.

f) Die Temperaturen auf dem Mond schwanken zwischen ______________________________

____.

g) Die Oberfläche des Mondes besteht aus ______________________________

____.

h) Auf dem Mond ist die Schwerkraft ungefähr nur ______________________________

____.

i) Der Mond besitzt keine ______________________________.

j) Innerhalb von etwa 27 Tagen ______________________________

____.

KOHL VERLAG Lernwerkstatt WELTRAUM Sekundarstufe – Bestell-Nr. 11 197

19 Notlandung auf dem Mond

Aufgabe 1: *Stell dir folgende Situation vor.*

Du gehörst einem Team einer Weltraumexpedition zum Erdtrabanten Mond an. Aufgrund technischer Probleme muss euer Raumschiff auf der von der Sonne bestrahlten Seite der Mondoberfläche landen. Bei der Notlandung werden viele Gegenstände der Bordausrüstung beschädigt bzw. sogar zerstört. Eine Chance zur Rettung und damit zum Überleben besteht für euch darin: Ihr müsst versuchen, zu Fuß zu einem anderen Raumschiff zu gelangen. Dieses befindet sich ca. 150 km entfernt auf dem Mond.

Von eurer Bordausrüstung sind folgende Gegenstände unbeschädigt geblieben: 5 Tuben Astronautennahrung, 1 Erste-Hilfe-Koffer, 25 m² Fallschirmseide, 3 Feuerzeuge, 1 Kocher, 1 Magnetkompass, 2 Mondkarten, 1 Notrufsender, 3 Pistolen, 2 Sauerstofftanks, 1 durch CO_2-Flaschen automatisch aufblasbares Schlauchboot, 10 auch im luftleeren Raum brennbare Signalpatronen, ein 30 m langes Seil, 2 Trinkwasserbehälter, 3 Trockenmilchpackungen

Bringe die genannten Gegenstände in die Reihenfolge, die für dich wichtig ist, um zu Fuß zum anderen Raumschiff zu kommen! Begründe deine Rangliste!

1. ____________________
2. ____________________
3. ____________________
4. ____________________
5. ____________________
6. ____________________
7. ____________________
8. ____________________
9. ____________________
10. ____________________
11. ____________________
12. ____________________
13. ____________________
14. ____________________
15. ____________________

20 Mondfinsternis und Sonnenfinsternis

Die Sonne, die Erde und der Mond sind die 3 Himmelskörper, die an der Entstehung der Mond- und Sonnenfinsternis beteiligt sind.

Mondfinsternis

Die Mondfinsternis tritt bei Vollmond auf. Bei der Mondfinsternis schiebt sich die Erde zwischen Sonne und Mond, sodass die Sonne, die Erde und der Mond in einer Linie sind. Dadurch befindet sich der Mond im Schatten der Erde, sodass kein Sonnenlicht mehr auf die Oberfläche des Mondes fällt. Durch Streulicht aus der Erdatmosphäre verfinstert sich der Mond nicht ganz, sondern schimmert mattrot.
Eine *totale Mondfinsternis* ist gegeben, wenn der Mond ganz durch die Erde verdeckt wird. Bei einer *partiellen Mondfinsternis* wird der Mond lediglich zum Teil durch die Erde verdeckt.

Sonnenfinsternis

Die Sonnenfinsternis kommt nur bei Vollmond vor. Der Mond tritt zwischen Sonne und Erde und verdeckt die Sonne ganz bzw. teilweise.
Wenn der Mond in Erdnähe genau auf einer Linie vor der Sonne steht, kommt eine *totale Sonnenfinsternis* zustande. Wenn sich der Mond in Erdferne vor der Sonne befindet, verdeckt er die Sonne nicht ganz und es besteht eine *ringförmige Sonnenfinsternis*. Falls sich der Mond für den Beobachter auf der Erde nicht ganz genau vor der Sonne befindet und diese lediglich teilweise verdeckt, liegt eine *partielle Sonnenfinsternis* vor.

Die Mondfinsternis dauert jeweils länger als die Sonnenfinsternis. Für einen betreffenden Ort beträgt die Sonnenfinsternis höchstens knapp 8 Minuten. Auch wenn man es zunächst kaum glaubt, tritt die Sonnenfinsternis auf der Erde öfter auf, als die Mondfinsternis – und zwar 1,6 mal häufiger. Allerdings: Die Sonnenfinsternis kann stets nur von einem schmalen Streifen der Erdoberfläche wahrgenommen werden. Demgegenüber kann die Mondfinsternis jeweils von allen Stellen der halben Erdkugel beobachtet werden. Daher glaubt man, dass es mehr Mondfinsternisse als Sonnenfinsternisse gibt.

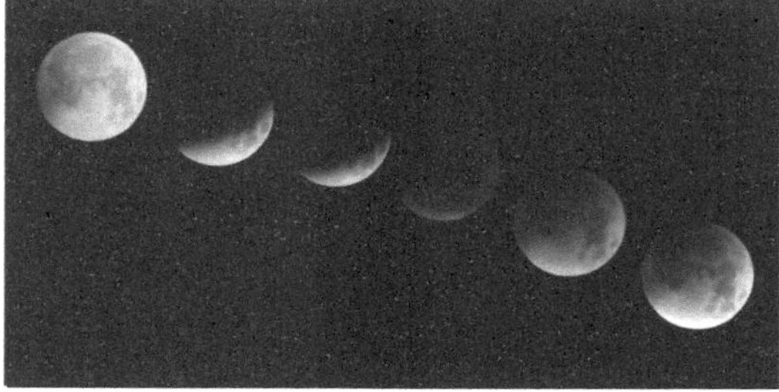

Aufgabe 3: *Im 20. Jahrhundert hat es 228 Sonnenfinsternisse, dagegen nur 147 Mondfinsternisse gegeben. Trotzdem glaubt man, dass Mondfinsternisse häufiger vorkommen als Sonnenfinsternisse. Erkläre, warum man dieser Meinung sein könnte.*

Lernwerkstatt WELTRAUM Sekundarstufe – Bestell-Nr. 11 197
KOHL VERLAG

Aufgabe 2: a) *Zeichne eine Skizze zur Stellung der Sonne, der Erde und des Mondes zueinander bei einer totalen Mondfinsternis.*

b) *Zeichne eine Skizze zur Stellung der Sonne, der Erde und des Mondes zueinander bei einer partiellen Mondfinsternis.*

Aufgabe 3: a) *Stelle dir vor, du stehst auf der Erde und siehst die* ***ringförmige*** *Sonnenfinsternis. Zeichne in den Kasten die entsprechende Sichtweise von deinem Standpunkt auf der Erde aus.*

b) *Stelle dir vor, du stehst auf der Erde und siehst die* ***partielle*** *Sonnenfinsternis. Zeichne in den Kasten die entsprechende Sichtweise von deinem Standpunkt auf der Erde aus.*

21 Geschichte der Raumfahrt

Aufgabe 1: *Bringe die folgenden 10 Ereignisse in die richtige zeitliche Reihenfolge. Trage sie in die Liste unten ein.*

- Vorläufig das letzte Mal betritt ein Mensch den Mond, der die Erde umkreist.
- Die Sowjetunion beginnt mit dem Bau der ersten ständig besetzten Raumstation Mir.
- Die ersten beiden Menschen, die US-Amerikaner Armstrong und Aldrin, betreten den Mond, den Trabanten der Erde.
- Sputnik 1 aus der Sowjetunion ist der erste künstliche Satellit, der die Erde umfliegt.
- Die Sonde Pioneer 10 fliegt als erstes von Menschen gebautes Objekt über unser Sonnensystem hinaus.
- Mit dem Bau der internationalen Raumstation ISS (= International Space Station) wird angefangen.
- Der sowjetische Kosmonaut Leonow unternimmt von der Raumkapsel Woschod 2 den ersten Weltraumspaziergang eines Menschen.
- Die US-amerikanische Raumfähre Columbia bricht nach dem Wiedereintritt in die Erdatmosphäre auseinander, 7 Astronauten sterben.
- Auf dem Paneten Mars landen die beiden Marsfahrzeuge Spirit und Opportunity.
- Der erste Mensch im Weltraum ist der Sowjetrusse Gagarin in der Raumkapsel Wostok 1.

1957	
1961	
1965	
1969	
1972	
1983	
1986	
1998	
2003	
2004	

Lernwerkstatt WELTRAUM
Sekundarstufe – Bestell-Nr. 11 197

22 Planeten-Reise

Spielerzahl:	2-4 gleichstarke Teams
Spielmaterialien:	Spielplan *(Seite 36)* Quizfragen: Als Quizfragen werden die Fragen aus dem Weltraumquiz genommen und/oder selbst ausgedachte Fragen.
Spielregeln:	In der Klasse werden Teams gebildet. Vor Spielbeginn stellt jedes Team seinen Spielstein auf dem Spielplan auf das Startfeld. Im Spiel sind die Teams abwechselnd an der Reihe, eine vom neutralen Spielleiter (z.B. Lehrer) gestellte Quizaufgabe zu beantworten. Wird die Quiz-aufgabe richtig beantwortet, darf der eigene Spielstein auf dem Spielplan um ein Feld weiter im Uhrzeigersinn vorgezogen werden. Bei einer falschen Antwort bleibt der Spielstein auf der bisherigen Stelle.
Ziel des Spiels:	Wer zuerst mit seinem Spielstein auf dem Spielplan die Runde beendet, gewinnt das Spiel.
Spielvariationen:	• Das Spiel wird ohne Spielplan ausgetragen. Die Teams sind abwechselnd an der Reihe. Für jede richtige Antwort gibt es einen Punkt. Die erzielten Punkte lassen sich z.B. an einer Tafel übersichtlich notieren. Wer zuerst eine vor Spielbeginn vereinbarte Punktzahl erreicht, ist Spielsieger. • Die Quizaufgaben werden beibehalten. Jedoch werden jeweils 3 Antwortmöglichkeiten vorgegeben, von denen eine richtig ist. • Anstelle der Quizaufgaben aus dem Weltraum-Quiz werden andere Fragen gestellt. Wer mit dem Antworten dran ist, muss eine beliebige Frage des Gegenteams beantworten. Bei falscher Antwort erhält der Fragesteller einen Punkt, bei richtiger Antwort der Antwortgeber. • Die Schüler erhalten die vorliegenden Quizaufgaben als Arbeitsblätter oder als Test. • Wer nach einer vereinbarten Spielzeit mit seinem Spielstein auf dem Plan am weitesten kam, ist Sieger des Spiels.

Planeten-Reise

Startfeld

Neptun
1

Uranus
2

Saturn
3

Jupiter
4

Mars
5

Erde
6

Venus
7

Merkur
8

Sonne

„Ziel"

Lernwerkstatt WELTRAUM
Sekundarstufe – Bestell-Nr. 11 197

23 Weltraum-Quiz

Aufgabe 1: *Kreuze an, was richtig ist.* [X] **Richtig**

1. *Wie heißt das Fremdwort für die Wissenschaft von den Gestirnen (= Sternkunde)?*

   ☐ Astrologie ☐ Astronautik ☐ Astronomie

2. *Was ist richtig?*

   ☐ Planeten haben eine feste Oberfläche.
   ☐ Planeten sind Fremdleuchter.
   ☐ Planeten sind Fixsterne.

3. *Wie verlaufen die Bahnen der 8 Planeten unseres Sonnensystems um die Sonne?*

   ☐ kreisähnlich ☐ ellipsenförmig ☐ unregelmäßig

4. *Was stimmt?*

   ☐ Alle Planeten unseres Sonnensystems haben Monde.
   ☐ Ein Planet unseres Sonnensystems hat keinen Mond.
   ☐ Zwei Planeten unseres Sonnensystems haben keine Monde.

5. *Welcher Planet gehört nicht zu den inneren Planeten unseres Sonnensystems?*

   ☐ Jupiter ☐ Venus ☐ Merkur

6. *Welcher Planet gehört nicht zu den äußeren Planeten unseres Sonnensystems?*

   ☐ Erde ☐ Saturn ☐ Uranus

7. *Welcher Planet ist nach dem römischen Gott der Meere benannt?*

   ☐ Uranus ☐ Neptun ☐ Merkur

8. *Auf welchem Planeten gibt es den höchsten Berg (Höhe: ca. 25 km) unseres Sonnensystems?*

   ☐ Mars ☐ Jupiter ☐ Saturn

9. *Welcher Planet unseres Sonnensystems befindet sich am dichtesten an der Sonne?*

   ☐ Merkur ☐ Venus ☐ Mars

10. *In welcher Zeit umläuft der 8. Planet unseres Sonnensystems die Sonne?*

    ☐ in ca. 248 Jahren ☐ in ca. 165 Jahren ☐ in ca. 84 Jahren

Weltraum-Quiz

11. *Was ist unsere Sonne?*

- [ ] ein Zwerg
- [ ] ein Riese
- [ ] ein Superriese

12. *Woraus besteht unsere Sonne fast vollständig?*

- [ ] aus Kohlendioxid und Methan
- [ ] aus Kohlendioxid und Stickstoff
- [ ] aus Wasserstoff und Helium

13. *Wie lange braucht das Licht, um von unserer Sonne auf die Erde zu gelangen?*

- [ ] ca. 8 Sekunden
- [ ] ca. 8 Minuten
- [ ] ca. 8 Stunden

14. *Was ist ein Mond (= Trabant)?*

- [ ] ein Begleiter unserer Sonne
- [ ] ein Begleiter eines Planeten unseres Sonnensystems
- [ ] ein Begleiter eines Kleinplaneten unseres Sonnensystems

15. *Wie hoch reicht die Atmosphäre der Erde?*

- [ ] etwa 100 km
- [ ] etwa 500 km
- [ ] etwa 1000 km

16. *Was stimmt?*

- [ ] Unser Mond hat keine Atmosphäre.
- [ ] Die Atmosphäre unseres Mondes besteht hauptsächlich aus Kohlendioxid.
- [ ] Die Atmosphäre unseres Mondes besteht hauptsächlich aus Wasserstoff.

17. *Was ist richtig?*

- [ ] Die Schwerkraft auf unseren Mond ist genauso groß wie auf der Erde.
- [ ] Die Schwerkraft auf der Erde ist größer als auf unserem Mond.
- [ ] Die Schwerkraft auf unserem Mond ist größer als auf der Erde.

18. *Wie groß ist die durchschnittliche Entfernung zwischen der Erde und unserem Mond?*

- [ ] etwa 184.000 km
- [ ] etwa 384.000 km
- [ ] etwa 584.000 km

19. *Wann wurde unser Mond erstmals von Menschen betreten?*

- [ ] im Jahr 1949
- [ ] im Jahr 1959
- [ ] im Jahr 1969

20. *Wodurch wird bei einer Mondfinsternis der Himmelskörper verdeckt?*

- [ ] durch die Erde
- [ ] durch den Mond
- [ ] durch die Sonne

KOHL VERLAG Lernwerkstatt WELTRAUM Sekundarstufe – Bestell-Nr. 11 197

23 Weltraum-Quiz

21. *Welche Geschwindigkeit muss ein Raumfahrzeug mindestens erreichen, um die Erde zu verlassen und in den Weltraum zu gelangen?*

☐ mind. 20.000 km/h ☐ mind. 40.000 km/h ☐ mind. 60.000 km/h

22. *Wodurch wird bei einer Sonnenfinsternis der Himmelskörper verdeckt?*

☐ durch die Sonne ☐ durch den Mond ☐ durch die Erde

23. *Was ist gewöhnlich am größten?*

☐ ein Meteorit ☐ ein Asteroid ☐ ein Komet

24. *Welche Größe haben Asteroiden im Durchmesser (maximal)?*

☐ bis ca. 100 km ☐ bis ca. 500 km ☐ bis ca. 1000 km

25. *Zwischen welchen beiden Planeten befinden sich die meisten Asteoriden?*

☐ zwischen Merkur und Venus ☐ zwischen Mars und Jupiter
☐ zwischen Jupiter und Saturn

26. *Was ist ein Komet?*

☐ ein Fixstern ☐ ein Wandelstern ☐ ein Schweifstern

27. *Welchen Durchmesser hat der Kern von Kometen?*

☐ etwa 1 bis 100 km ☐ etwa 50 bis 200 km ☐ etwa 100 bis 400 km

28. *Wie nennt man Brocken aus Eisen bzw. Stein, die meistens klein sind und aus dem Weltall auf die Erde fallen?*

☐ Meteore ☐ Meteoriten ☐ Sternschnuppen

29. *Wie heißt das Fremdwort für Milchstraße?*

☐ Galaxis ☐ Pulsar ☐ Quasar

30. *Wie viele Sternbilder werden am Himmel unterschieden?*

☐ 66 Sternbilder ☐ 77 Sternbilder ☐ 88 Sternbilder

31. *Wohin schaut, wer sehr weit entfernte Sterne per Fernrohr beobachtet?*

☐ in die Zukunft ☐ in die Gegenwart ☐ in die Vergangenheit

Weltraum-Quiz

32. *Ein Lichtjahr – wie viele Kilometer sind das?*

- ☐ ungefähr 9,5 Millionen km
- ☐ ungefähr 9,5 Milliarden km
- ☐ ungefähr 9,5 Billionen km

33. *Welcher Länge entspricht eine astronomische Einheit (AE)?*

- ☐ dem mittleren Abstand zwischen der Erde und unserem Mond.
- ☐ dem mittleren Abstand zwischen der Erde und unserer Sonne.
- ☐ dem mittleren Abstand zwischen unserer Sonne und Pluto.

34. *Was trifft zu?*

- ☐ Ein Fixstern bewegt sich.
- ☐ Ein Fixstern bewegt sich selten.
- ☐ Ein Fixstern bewegt sich überhaupt nicht.

35. *Was gibt es im Weltraum?*

- ☐ Riesen
- ☐ Giganten
- ☐ Kolosse

36. *Welcher Fixstern ist unserem Sonnensystem am nächsten?*

- ☐ Proxima Centauri
- ☐ Alpha Centauri
- ☐ Sirius

37. *Wie heißt eine benachbarte Galaxie der Milchstraße?*

- ☐ Andromeda bzw. Andromedanebel
- ☐ Beteigeuze
- ☐ Großer Wagen

38. *Was ist eine Nova?*

- ☐ ein Stern, der auf einmal schwächer leuchtet
- ☐ ein Stern, der auf einmal sehr hell aufleuchtet
- ☐ ein Stern, der auf einmal nicht mehr leuchtet

39. *Was ist eine Supernova?*

- ☐ die Explosion eines massenreichen Sterns
- ☐ die Entstehung eines massenreichen Sterns
- ☐ die Vereinigung eines massenreichen Sterns mit einem anderen Stern

40. *Was haben „Schwarze Löcher"?*

- ☐ eine geringe Anziehungskraft
- ☐ keine Anziehungskraft
- ☐ eine sehr hohe Anziehungskraft

KOHL VERLAG Lernwerkstatt WELTRAUM Sekundarstufe – Bestell-Nr. 11 197

24 Jules Verne – ein Autor seiner Zeit voraus

Der französische Schriftsteller Jules Verne (1828-1905) nahm in seinem Science-Fiction-Roman „Von der Erde zum Mond" (1865) die Mondfahrt um etwa 100 Jahre vorweg. Im Buch „Reise um den Mond" (1870) setzte er die Geschichte fort. Dieses Kapitel stellt eine Zusammenfassung dieser beiden Bücher dar.

In den USA ist der Bürgerkrieg (1861-1865) zu Ende. Die Mitglieder des Kanonenklubs aus Baltimore, dem auch viele Auswärtige angehören, langweilen sich. Barbicane, der Präsident des Kanonenklubs, schlägt vor, eine große Kugel per Kanone zum Mond zu schießen. Die Mitglieder des Kanonenklubs sind begeistert von der Idee. Der Vorstand des Klubs schreibt einen Brief mit Fragen an die bedeutendste Sternwarte der USA. Aus dem Antwortschreiben geht hervor: Es ist möglich, ein Geschoss auf den Mond zu feuern. Die dafür erforderliche Kanone muss zwischen 0° und 23° nördlicher bzw. südlicher Breite aufgestellt werden. Bei einer Anfangsgeschwindigkeit von 11.000 m/sec (= 39.600 km/h) wird das Geschoss den Mond in etwa 97 Stunden erreichen. Der nächstgünstigste Zeitpunkt für den Abschuss der Kugel ist der 1. Dezember des kommenden Jahres. Dann steht der Mond senkrecht zur Erde und die Entfernung ist am kürzesten.

Barbicane bildet aus dem Vorstand des Kanonenklubs einen Ausschuss, der damit beginnt, das Vorhaben zu verwirklichen. Es wird zunächst überlegt, wie die Kanone und die Kugel gestaltet sein müssen und welches Schießpulver sich eignet. Auch die Bevölkerung der USA ist begeistert von dem Plan. Nur der Wissenschaftler Nicholl – ein Experte für die Herstellung von Eisenplatten zur Abwehr von Geschossen – bekämpft den Plan. Nicholl schreibt viele Zeitungsartikel und Leserbriefe, in denen er den Zielsetzungen des Kanonenklubs widerspricht und diese lächerlich zu machen versucht. Der gewünschte Erfolg bleibt jedoch aus. Nicholl bietet mehrere Geldwetten an, dass das Vorhaben des Kanonenklubs scheitern wird.

Aber der Kanonenklub lässt sich nicht von seinen Planungen abbringen. Über 5 Millionen Dollar werden insgesamt aus dem Inland und Ausland für den geplanten Schuss auf den Mond gespendet. Der Vorstand des Kanonenklubs entscheidet sich für die Halbinsel Florida als Abschussort der Kugel. Für die Abschussbasis wird ein Schacht mit 18 m Durchmesser und 270 m Tiefe ausgehoben. In unmittelbarer Nachbarschaft wird die Kanone aus Eisen gegossen, die eine Länge von 270 m und eine Wandstärke von 1,8 m bekommt. Innerhalb weniger Monate steigt die Einwohnerzahl der Stadt Tampa von 3000 auf ca. 150.000 Menschen.

Anfangs ist beabsichtigt, eine Kugel ohne menschliche Besatzung zum Mond zu schießen. Der Franzose Ardan meldet sich per Telegramm. Er schlägt vor, eine

24 Jules Verne – ein Autor seiner Zeit voraus

teilweise zylindrisch, teilweise kegelförmig aussehende Rakete mit Astronauten zum Mond zu schicken. Ardan ist bereit, als Raumfahrer zum Mond mitzureisen. Nach seiner Ankunft in Tampa gelingt es Ardan, die beiden Gegner Barbicane und Nicholl davon abzubringen, sich mit Gewehren zu bekämpfen. Ardan macht den Vorschlag, zu dritt (Barbicane, Nicholl, Ardan) zum Mond zu fliegen. Der Vorschlag wird angenommen.

Ein Tierversuch wird unternommen, um zu überprüfen, ob Lebewesen in einem gepolsterten Geschoss einen Abschuss überleben können. Ein Kater und ein Eichhörnchen werden in einer innen geschützten Granate bis etwa 300 m hoch in die Luft geschossen. Das Experiment ist erfolgreich, allerdings frisst in der Granate der Kater das Eichhörnchen. Maston, der Schriftführer des Kanonenklubs, hält sich 8 Tage im hergestellten Raumfahrzeug auf und beweist, dass es möglich ist, in künstlicher Luft zu überleben. Das gebaute Raumfahrzeug, eine Rakete, ähnelt einer Hohlgranate, die nach vorn hin kegelförmig ist. Der gepolsterte Innenraum der Rakete hat eine Grundfläche von 5,7 m^2 und eine Höhe von 3,6 m. Am Ende ist die Rakete bis zu einer Länge von knapp einem Meter mit Wasser gefüllt. Das Wasser soll beim Start der Rakete den Rückstoß auffangen. Der Kanonenklub lässt auf dem hohen Berg Longs Peak in Colorado im ewigen Schnee und Eis ein Teleskop aufstellen, damit der Flug zum Mond gut beobachtet werden kann.

Die drei Raumfahrer einigen sich darauf, zwei Hunde auf die Reise zum Mond mitzunehmen. Versteckt in Kisten transportiert Ardan heimlich Hühner in die Rakete. Lebensmittel, die für ein Jahr reichen, werden in die Rakete gepackt.

Am 1. Dezember um 22 Uhr besteigen die beiden Wissenschaftler Barbicane und Nicholl sowie Ardan die Rakete. Pünktlich erfolgt etwa 46 Minuten später der Start. Die Rakete wird aus der riesigen Kanone mit Hilfe von 400.000 Pfund Schießbaumwolle abgefeuert.
Beim Abschuss der Rakete gibt es durch die Pulvergase eine enorme Explosion. Dabei werden sehr viele Zuschauer verletzt, manche sogar getötet. Zelte, Hütten, Häuser und andere Gebäude werden zerstört bzw. beschädigt. Bäume werden entwurzelt, Eisenbahnwagen stürzen um, Schiffe gehen unter ... .

24 Jules Verne – ein Autor seiner Zeit voraus

Aufgabe 1: *Beantworte die folgenden Fragen zum Text in vollständigen Sätzen.*

a) Welchen Vorschlag macht Barbicane den Mitgliedern des Kanonenklubs?

____

____

b) An wen schreibt der Vorstand des Kanonenklubs einen Brief?

____

____

c) Wer bekämpft den Plan des Kanonenklubs?

____

____

d) Wie viel Geld wird für den Schuss der Kugel zum Mond gespendet?

____

____

e) Von wo aus soll die Kugel zum Mond geschossen werden?

____

____

f) Was schlägt der Franzose Ardan vor?

____

____

g) Warum wird ein Tierversuch unternommen?

____

____

____

h) Was beweist Maston, der sich auf der Erde acht Tage lang in dem gebauten Raumfahrzeug aufhält?

i) Welche Tiere werden auf die Reise zum Mond mitgenommen?

j) Was passiert beim Abschuss der Rakete?

Aufgabe 2: *Wenn du einen gerade aufgeblasenen Luftballon loslässt, fliegt er sofort durch den Raum. Die ausströmende Luft drückt den Ballon in die entgegengesetzte Richtung der ausströmenden Luft. Ein Raketenantrieb funktioniert ähnlich, wobei die entwickelte Technik den Vorgang natürlich wesentlich gigantischer umsetzt. Beschreibe kurz die Funktion des Raketenantriebs.*

KOHL VERLAG Lernwerkstatt WELTRAUM Sekundarstufe – Bestell-Nr. 11 197

24 Jules Verne – ein Autor seiner Zeit voraus

Die 3 Raumfahrer hören den Knall beim Start nicht, da die Rakete schneller fliegt als der Schall. Durch den Rückstoß werden Barbicane, Nicholl und Ardan durch den Innenraum der Rakete geschleudert und verlieren das Bewusstsein. Außerdem verletzt sich Barbicane an der Schulter. Einer der beiden mitgenommenen Hunde erleidet schwere Schädelverletzungen, so dass er einige Zeit später stirbt. Aber die 3 Astronauten erholen sich schnell wieder. Das Raumfahrzeug verlässt die Erdatmosphäre und fliegt in Richtung des Mondes. Barbicane, Nicholl und Ardan haben großes Glück: Das Raumfahrzeug wird nicht von einem Boliden – ein besonders heller Meteor, eine Feuerkugel – getroffen. Er zischt in einer Entfernung von ein paar hundert Metern vorbei. Die beiden Wissenschaftler Barbicane und Nicholl stellen während der Fahrt einen Rechenfehler der Sternwarte Cambridge fest. Das Raumfahrzeug muss eine weitaus höhere Anfangsgeschwindigkeit als von der Sternwarte Cambridge/USA errechnet und vorgeschlagen gehabt haben, sonst wäre die Rakete nicht so weit wie bisher in den Weltraum vorgedrungen. Barbicane und Nicholl errechnen eine Anfangsgeschwindigkeit von über 16.000 m/sec (= ungefähr 58.000 km/h).

Aus Versehen öffnet Ardan den Hahn des Sauerstoffgeräts zu weit, sodass zu viel Sauerstoff ausströmt. Nicholl entdeckt das Missgeschick noch gerade rechzeitig und verhindert, dass die Insassen des Raumfahrzeuges innerlich verbrennen. Das Raumfahrzeug nähert sich mehr und mehr dem Mond. Die Raumfahrer merken die Schwerelosigkeit am eigenen Körper, sie schweben durch den Innenraum der Rakete. Die Mondanziehungskraft macht sich zunehmend bemerkbar. Langsam stellen sich Barbicane, Nicholl und Ardan auf die Landung auf dem Mond ein. Ardan geht davon aus, dort Mondbewohnern zu begegnen.

Doch sie erreichen den Mond nicht. Das Raumfahrzeug gerät auf eine elliptische Bahn, auf der es beginnt, den Mond zu umkreisen. Barbicane vermutet: Der Bolid, der knapp an dem Raumfahrzeug vorbeigeflogen ist, hat dieses auf die schiefe Bahn um den Mond gebracht. Das Raumfahrzeug kommt vorübergehend in den Schattenkegel des Mondes. Von der Sonne ist überhaupt nichts mehr zu sehen, auch nicht mehr vom Mond. Es ist völlig dunkel. Im Raumfahrzeug sinkt die Temperatur auf -17° Celsius. Deshalb stellen die Raumfahrer in dem Raumfahrzeug die Gasheizung an. Die gemessene Außentemperatur des Raumfahrzeugs beträgt -140° Celsius.

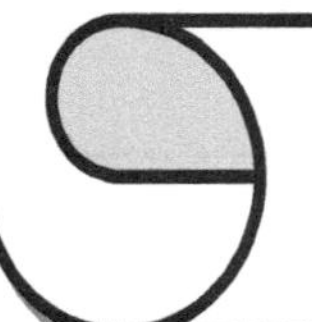

Kurz darauf droht erneut der Zusammenstoß des Raumfahrzeuges mit einem Boliden. Glücklicherweise zerplatzt der Bolide lautlos und prallt nicht mit dem Raumfahrzeug zusammen. Aus unerklärlichen Gründen entfernt sich das Raumfahrzeug von dem Mond und dreht seine Bodenseite zunehmend der Erde zu. Um als Antrieb zu dienen, zünden die Raumfahrer an Bord des Raumfahrzeuges Raketen, als der Punkt der Schwerelosigkeit erreicht wird. Ursprünglich sollten diese Raketen bei der Landung auf dem Mond den Aufprall lindern. Mit Hilfe der Zündung der Raketen wollen die Raumfahrer nun noch zum Mond kommen. Aber dieses Vorhaben scheitert. Das Raumfahrzeug hat eine zu hohe Geschwindigkeit und fliegt zurück zur Erde.

Am 12. Dezember stürzt das Raumfahrzeug etwa 500 Seemeilen südwestlich von San Francisco in den Pazifischen Ozean. Am 29. Dezember wird das auf der Wasseroberfläche schwimmende Raumfahrzeug von einem zur Suche losgeschickten Schiff entdeckt und geborgen. Barbicane, Nicholl und Ardan spielen Karten und pokern, als die ersten Retter das Raumfahrzeug betreten.

Zu Ehren von Barbicane, Nicholl sowie Ardan organisiert der Kanonenklub eine Triumphreise durch die USA. In einem von einer sehr schnellen Lokomotive gezogenen Sonderwagen fahren die 3 Helden durch das Land und genießen den großen Beifall, den sie erhalten. Ein Verkehrsunternehmen wird gegründet, das langfristig Weltraumflüge nicht nur zum Mond, sondern auch zu anderen Himmelskörpern planen und durchführen soll. Erster Präsident dieses Unternehmens wird Barbicane, sein Stellvertreter wird Nicholl, Ardan übernimmt die Leitung der Öffentlichkeitsarbeit.

Lernwerkstatt WELTRAUM Sekundarstufe – Bestell-Nr. 11 197
KOHL VERLAG

Aufgabe 3: *Beantworte die folgenden Fragen zum Text in vollständigen Sätzen.*

a) Wieso hören die 3 Raumfahrer beim Start der Rakete keinen Knall?

____

____

b) Womit stößt das Raumfahrzeug beinahe zusammen?

____

____

c) Welchen Fehler macht Ardan?

____

____

d) Wohin kommen die drei Raumfahrer nicht?

____

____

e) Wie kalt wird es im Raumfahrzeug?

____

____

f) Was zünden die 3 Raumfahrer, um doch noch auf dem Mond zu landen?

____

____

____

____

g) Wohin stürzt das Raumfahrzeug am 12. Dezember?

h) Wann werden die drei Raumfahrer von einem losgeschickten Schiff entdeckt und geborgen?

i) Was organisiert der Kanonenklub zu Ehren der drei Raumfahrer?

Aufgabe 4: *Die Rakete gerät auf eine elliptische Bahn und umkreist den Mond. Erstelle eine Zeichnung zu dieser Situation.*

Lernwerkstatt WELTRAUM Sekundarstufe – Bestell-Nr. 11 197

Jules Verne – ein Autor seiner Zeit voraus

Aufgabe 5: *Die 30 Wörter sind waagerecht bzw. senkrecht versteckt. Alle Wörter kommen in der Geschichte „Reise um den Mond" von Jules Verne vor.*

H	K	Z	N	C	R	G	S	A	U	E	R	S	T	O	F	F	W	X	E
G	U	E	F	K	A	N	O	N	E	N	K	L	U	B	Z	U	T	S	X
S	G	R	A	B	K	E	N	J	T	L	O	T	E	L	E	S	K	O	P
Y	E	F	S	T	E	R	N	W	A	R	T	E	A	P	S	A	F	U	L
D	L	K	E	A	T	Q	E	A	Q	B	I	Z	N	K	E	H	R	T	O
D	R	Z	O	G	E	C	L	S	B	M	G	E	T	S	R	I	Ü	E	S
A	J	S	O	D	F	H	M	T	P	N	I	O	R	C	D	M	C	M	I
B	S	C	T	E	L	E	G	R	A	M	M	N	I	H	A	M	K	P	O
S	C	H	W	E	R	E	L	O	S	I	G	K	E	I	T	E	S	E	N
C	H	A	U	Y	F	S	N	N	A	Y	L	E	B	F	M	L	T	R	T
H	I	T	V	G	F	P	T	A	U	V	M	U	S	F	O	S	O	A	K
U	E	T	K	R	C	D	R	U	F	I	D	A	P	H	S	K	S	T	J
S	S	E	L	A	H	O	L	T	P	D	B	V	J	N	P	Ö	S	U	R
S	S	N	U	N	C	L	V	E	R	M	O	N	D	U	H	R	H	R	X
B	P	K	F	A	Q	L	G	N	A	G	L	R	Q	W	Ä	P	T	A	H
A	U	E	T	T	D	A	J	M	L	T	I	B	W	W	R	E	I	W	J
S	L	G	X	E	S	R	W	B	L	L	D	I	X	U	E	R	O	A	Z
I	V	E	V	Q	Y	M	K	I	T	I	E	R	V	E	R	S	U	C	H
S	E	L	G	E	S	C	H	W	I	N	D	I	G	K	E	I	T	D	B
X	R	W	I	S	S	E	N	S	C	H	A	F	T	L	E	R	Y	C	P

Aufgabe 6: *Nun kannst du wie Jules Verne eine eigene Science-Fiction-Geschichte erfinden. Lies den Text und schreibe ihn auf der Rückseite weiter.*

Im Jahr 2150 n. Chr.: Die meisten Menschen wohnen zwar noch auf der Erde, aber bereits viele unter riesigen Sauerstoffkuppeln auf dem Mond der Erde. Manche haben ihren Wohnsitz auf dem Planeten Mars oder auf einem der zwei Monde dieses Himmelskörpers. Vor allem alte Menschen leben auf der Erde. Die jüngeren Menschen zieht es in die Ferne des Weltalls.

Nach einem Besuch bei den Eltern befindet sich der 75-jährige Kevin Armstrong mit seinem Raumschiff auf dem Rückflug von der Erde zum Wohnsitz auf dem Erdtrabanten. Mit mehr als fünffacher Schallgeschwindigkeit jagt das Raumschiff, das automatisch gesteuert wird, in die Richtung des Mondes. An Bord des Raumschiffes steigt soeben Kevin A. aus dem Schwimmbecken. Ein Roboter überreicht dem Mann ein Vitamingetränk.

In noch weiter Entfernung wird ein schwach leuchtender Fleck im Dunkel der Nacht sichtbar. Der Fleck nähert sich dem Raumschiff.

25 Armageddon – Das jüngste Gericht

Aufgabe 1: *Setze in die Lücken die passenden Wörter ein. Du liest dann eine Science-Fiction-Geschichte, die den Inhalt des gleichnamigen Films mit dem Schauspieler Bruce Willis wiedergibt.*

auszuführen – befiehlt – bleiben – drückt – durchzuführen – explodiert – ferngezündet – fliegen – gebracht – gehalten – gelingt – kehrt – landen – landet – nehmen – opfert – retten – scheitern – sieht – stellen – tanken – treffen – überlebt – verhindert – verlässt – verschont – zieht

Wissenschaftler ____________________ fest: Ein Asteroid, der etwa so groß wie Texas ist, wird in 18 Tagen auf die Erde ____________________ . Der Plan der Weltraumbehörde NASA ____________________ vor: Zwei Raumschiffe mit Besatzung sollen auf dem Asteroiden ____________________ und dort ca. 280 m tief bohren. Eine Atombombe, die in die Tiefe gebracht werden muss, soll ferngezündet werden, sodass der Asteroid ____________________ . Der erfahrene Erdölbohrspezialist Harry S. Stamper wird beauftragt, die Bohrung mit seinem Team ____________________ .

In zwei Raumschiffen ____________________ einige Astronauten und die Bohrspezialisten los. Sie machen einen Zwischenstopp bei der russischen Weltraumstation, um Treibstoff zu ____________________ . Dort gibt es einen Brand, im letzten Moment können sich die Raumfahrer ____________________ und fliegen weiter. Sie ____________________ einen russischen Kosmonauten mit.

Das eine Raumschiff verfehlt das vorgegebene Landeziel auf dem Asteroiden ganz und gar, das andere Raumschiff ____________________ mit Mühe und Not. Die Besatzung des einen Raumschiffes wird schon für tot ____________________ . Doch drei Personen dieses Raumschiffes haben ____________________ , sie treffen die Besatzung des anderen Raumschiffes.

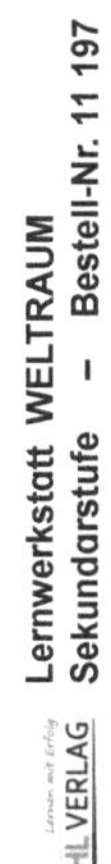

25 Armageddon – Das jüngste Gericht

Die Bohrung auf dem Asteroiden droht zu ____________________ . Der Präsident der USA ____________________ , die Atombombe auf der Oberfläche des Asteroiden von der Erde aus fernzuzünden. Dies wird von Harry S. Stamper ____________________ , der das Zündkabel durchschneiden lässt. Letztlich ____________________ die Bohrung bis in 280 m Tiefe. Die Atombombe wird dorthin ____________________ . Jedoch kann die Atombombe nicht mehr ____________________ werden. Die Überlebenden des Unternehmens losen aus, wer auf dem Asteroiden ____________________ soll, um die Atombombe vor Ort zu zünden. Ein junger Bohrexperte, der mit der Tochter von Harry S. Stamper liiert ist, ____________________ das kürzeste Stäbchen. Der Mann ist bereit, den Auftrag ____________________. Harry S. Stamper ____________________ sich aber für seinen zukünftigen Schwiegersohn. Im allerletzten Augenblick ____________________ das eine noch flugfähige Raumschiff den Asteroiden. Der Bohrspezialist Harry S. Stamper bleibt auf dem Asteroiden und ____________________ auf den Auslöser für die Zündung der Atombombe. Die übrige Besatzung ____________________ mit dem Raumschiff zur Erde zurück. Die Erde wird vom Untergang ____________________ . Der junge Bohrexperte und Grace Stamper, die Tochter des toten Helden, heiraten.

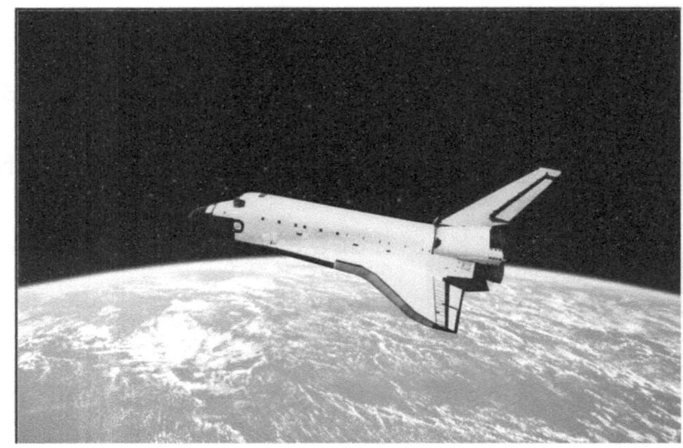

Mit Armageddon ist ein in der Bibel erwähnter Ort gemeint, wo der Weltuntergang bevorsteht.

26 Science-Fiction-Geschichten

Ebenso wie andere Geschichten sollte die Science-Fiction-Geschichte in diese drei Teile gegliedert sein:

- Einleitung
- Hauptteil
- Schluss

Einleitung:

In der Einleitung wird die Ausgangslage beschrieben. Dabei gilt es zu sagen, wo (= Ort) und wann (= Zeit) die Geschichte spielt. Man kann bereits die Hauptperson(en) der Geschichte erwähnen. Beispiele für den Beginn einer Einleitung:

- „Wir befinden uns auf … im Jahr … "
- „An einem Tag im …"
- „Seit … "

Hauptteil:

Der Hauptteil ist der umfangreichste Abschnitt einer Geschichte. Darin sollte genau anschaulich, lebendig sowie spannend geschildert werden, was der Reihe nach passiert. Dies kann in einer SF-Geschichte z.B. sein: ein Experiment, eine Entführung, ein Unglück, eine sich anbahnende Katastrophe …

Der äußere und der innere Handlungsablauf der Geschichte ist darzustellen. Mit dem äußeren Handlungsablauf ist das gemeint, was in der Geschichte getan und gesagt wird, mit dem inneren Handlungsablauf, was gefühlt und/bzw. gedacht wird.

Im Hauptteil sollte der Höhepunkt, der spannendste Moment der Geschichte, ausführlich dargestellt werden. Spannung lässt sich so herstellen: Eine oder mehrere Fragen werden gestellt. Die Beantwortung dieser Fragen wird hinausgezögert. Nur stückweise wird immer mehr dem Leser verraten. Der Höhepunkt ist immer am Ende des Hauptteils.

Im Hauptteil lassen sich besonders Ausdrücke verwenden wie z.B. „(ur)plötzlich … ", „auf einmal … ", „mit einem Male …" …

Schluss:

Der Schluss lässt die Geschichte auslaufen, ausklingen. Er kann beispielsweise so eingeleitet werden:

- „Schließlich … "
- „Am Ende … "
- „Zu guter Letzt … "

Viele Geschichten hören mit einem „Happy-End" (= glückliches, gutes Ende) auf. Dies muss jedoch nicht sein. Das Ende einer Geschichte kann auch traurig sein. Möglich ist auch ein „offenes Ende" einer Geschichte, wobei ein kurzer Blick in die weitere Zukunft erfolgen kann und letztlich eine Frage gestellt wird. Zum Schluss der Geschichte kann auch Bezug zum Anfang der Geschichte oder zur Überschrift hergestellt werden. Denkbar ist auch, die „Moral" (= Lehre) der Geschichte im Schluss anzusprechen.

Lernwerkstatt WELTRAUM
Sekundarstufe – Bestell-Nr. 11 197

Zukunftsvisionen

- Menschen leben nicht nur auf der Erde, sondern auch auf anderen Himmelskörpern.
- Im Weltall gibt es von Menschen errichtete Weltraum-Stationen.
- Mit „Supergeschwindigkeit" rasen Raumschiffe durch das Weltall.
- Auf der Erde gibt es lediglich noch zwei Staaten. Diese bekämpfen sich erbittert.
- Außerirdische landen auf der Erde und greifen eventuell Bewohner der Erde an.
- Die Lebenserwartung der Menschen ist viel höher als heute. Werden die Menschen unsterblich?
- Die Menschen arbeiten körperlich nicht mehr selbst, sondern lassen Roboter für sich arbeiten.
- Die Erde wird gefährdet bzw. teilweise oder ganz zerstört durch z.B. einen Asteroiden oder Kometen.
- Eine von einem anderen Himmelskörper eingeschleppte Krankheit bedroht das Leben auf der Erde.
- Die Bewohner verschiedener Himmelskörper führen Krieg gegeneinander.
- …

Aufgabe 1: *Was fällt dir im Weiteren ein? Was könnte die Zukunft bringen?*

Aufgabe 2: *Du bist unterwegs mit einer Zeitmaschine. Die Zeitmaschine kann dich in verschiedene Zeiten bringen, in die Vergangenheit und in die Zukunft. Notiere dir zuerst Stichworte. Formuliere anschließend deine Science-Fiction-Geschichte.*

a) *In welchem Jahr landest du mit der Zeitmaschine?*

b) *Zu welchem Ort bringt dich die Zeitmaschine?*

c) *Wen triffst du nach deiner Ankunft oder auf was stößt du?*

d) *Was erlebst du?*

e) *Was passiert zum Schluss?*

Aufgabe 3: *Gesetzt den Fall, du siehst am Himmel ein unbekanntes Flugobjekt (Ufo). Beschreibe: Dieses Ufo landet in deiner Nähe auf der Erde. Aus dem Ufo kommen Außerirdische heraus. Wie sehen sie aus? Was machen sie? Was tust du? Was geschieht danach? Wie endet dein Erlebnis? Schreibe dein ausgedachtes Erlebnis in dein Heft.*

Aufgabe 4: *Wie könnte die Science-Fiction-Geschichte verlaufen? Was fällt dir ein? Schreibe in dein Heft.*

„Im Jahr 2222 auf dem Himmelskörper X: ...“

27 Die Lösungen

3 **Aufgabe 1:** **a)** Universum; **b)** Ausmaße; **c)** Astronomen; **d)** Entfernungen; **e)** Galaxien; **f)** Gaskugeln; **g)** Fixsterne; **h)** Milliarden; **i)** Urknall; **j)** Materie

4 **Aufgabe 1:**

Superhaufen (= mehrere Galaxienhaufen)	⇨ Lokaler Superhaufen
Galaxienhaufen:	⇨ Lokale Gruppe
Galaxien:	⇨ Milchstraße
Sonnensystem:	⇨ unser Sonnensystem
Planeten:	⇨ Jupiter
Trabanten:	⇨ unser Mond
Zwergplaneten:	⇨ Pluto
Asteroiden:	⇨ Hermes
Kometen:	⇨ Halleyscher Komet
Meteore:	⇨ Perseiden (Meteorsturm)

Aufgabe 2: **1.** falsch; **2.** richtig; **3.** richtig; **4.** falsch; **5.** falsch; **6.** richtig; **7.** falsch; **8.** richtig; **9.** richtig; **10.** richtig

5 **Aufgabe 1:** **a)** Milchstraße; **b)** Sonne; **c)** Anziehungskraft; **d)** Planeten; **e)** Erde; **f)** Ellipsenbahn; **g)** Monden, **h)** Zwergplaneten; **i)** Asteroiden; **j)** Kometen

6 **Aufgabe 1:**

Entfernung von der Erde:	ca. 149.600.000 km
Durchmesser der Sonne:	ca. 1.390.000 km
Temperatur (im Zentrum):	ca. 15.000.000° Celsius
Temperatur (Oberfläche):	ca. 6000° Celsius
Hauptbestandteile:	Wasserstoff (ca. 73,5 %); Helium (ca. 25 %)

Aufgabe 2: Lösungsvorschläge für Sonnenwörter:

Sonnenschein, Sonnenstrahl, Sonnenaufgang, Sonnenuntergang, Sonnenstand, Sonnenbrand, Sonnenstich, Sonnencreme, Sonnenbrille, Sonnenhut, Sonnenbank, Sonnenkollektoren, Sonnenblende, Sonnenbatterie, Sonnenbahn, Sonnenbad, Sonnenbräune, Sonnenkult, Sonnenfernrohr, Sonnennähe, Sonnenferne, Sonnenseite, Sonnentag, Sonnenuhr, Sonnendach, Sonnenwende, Sonnenfinsternis, Sonnenflecken, Sonnenwind, Sonnenkorona, Sonnensegel, Sonnenwarte, Sonnenkraftwerk, Sonnenball, Sonnenkugel, Sonnenkult, Sonnenanbeter, Sonnenkönig, Sonnenwendfeier, Sonnentau, Sonnenblume, Sonnentierchen, Sonnenröschen, Sonnengott, Sonnenwagen, Sonnenstern, Sonnenvogel, Sonnenschutz(faktor) ...

7 **Aufgabe 1:**

a) Er legt sich wie ein Gürtel in Ellipsenform um die Sonne.
b) In dem Gürtel befinden sich unregelmäßig geformte Brocken. Die Objekte nennt man z.B. Ceres, Pallas, Juno, Vesta, Astraea u.a..
c) Ein Asteroidengürtel ist eine Ansammlung von Asteroiden und Zwergplaneten, ein solcher Gürtel befindet sich zwischen Mars und Jupiter.
d) Eine Raumfahrt durch den Gürtel bedeutet nur eine geringe Gefahr, da sich die Asteroiden auf ein riesiges Gebiet verteilen. Die Darstellungen der Objektdichte in Science-Fiction-Filmen sind stark übertrieben.

9 **Aufgabe 1:**

a) Die vier inneren Planeten unseres Sonnensystems heißen Merkur, Venus, Erde und Mars.
b) Die Oberfläche der vier inneren Planeten ist jeweils fest, sie besteht aus Gestein.
c) Aufgrund der Nähe zur Sonne ist Merkur von der Erde aus mit bloßen Augen nur schwer zu beobachten.
d) Die Venus ist zeitweise morgens und abends von der Erde aus zu sehen.
e) Die Erde wird als „blauer Planet" bezeichnet. Dies ist auf die großen Wasserflächen an der Oberfläche und auf die Himmelsfärbung zurückzuführen.
f) Auf der Erde sind die natürlichen Voraussetzungen für das Leben gegeben (gemäßigte Temperaturen, Luft zum Atmen, flüssiges Wasser).
g) Die Oberfläche des Mars ist mit roströtlichem Staub und roströtlichen Gesteinsbrocken bedeckt.
h) Fast alle sind nach römischen Göttern bzw. einer römischen Göttin benannt.
i) Diese beiden Planeten sind dichter an der Sonne als die anderen Planeten.
j) Im Gegensatz zum Merkur, der nur eine sehr dünne Atmosphäre hat, hat die Venus eine viel dichtere Atmosphäre und ist umgeben von Wolken. Dadurch wird mehr Hitze gebunden.

Aufgabe 2: **Nach Angaben des Planetariums Hamburgs:**

Merkur: Krater, grau-gelb
Venus: heiß, hell, umgeben von Wolken, gelblich
Erde: 70% Wasser, blauer Planet, blau
Mars: rötlicher Staub und Gesteinsbrocken, Vulkan, rostrot

27 Die Lösungen

10 **Aufgabe 1:**

a) Die vier äußeren Planeten unseres Sonnensystems heißen Jupiter, Saturn, Uranus, Neptun.
b) Die Oberfläche der vier äußeren Planeten ist nicht fest, sondern besteht hauptsächlich aus Gasen, außerdem Flüssigkeiten.
c) Jupiter ist der größte Planet unseres Sonnensystems, weitaus größer als die meisten anderen Planeten.
d) Der riesige rote Fleck stellt einen gewaltigen Wirbelsturm dar.
e) Saturn weist ein sehr auffälliges Ringsystem auf. Das aus Gesteinsbrocken, Staub- und Eisteilchen bestehende Ringsystem setzt sich aus überaus zahlreichen einzelnen Ringen zusammen.
f) Uranus wurde im Jahr 1781 per Fernrohr entdeckt.
g) Der Planet Uranus rollt entlang auf seiner Bahn um die Sonne.
h) Neptun wird auch „Planet der Winde" genannt. Dort wurden die höchsten Windgeschwindigkeiten auf allen Planeten unseres Sonnensystems gemessen.
i) Von allen Planeten unseres Sonnesystems ist Neptun am weitesten von der Sonne entfernt.
j) Alle vier äußeren Planeten unseres Sonnensystems werden von Monden umkreist.

Aufgabe 2:

a) Erbse; **b)** Stecknadelkopf

11 **Aufgabe 1:**

a) <u>Merkur</u>: grau-gelb; <u>Venus</u>: gelblich; <u>Erde</u>: blau; <u>Mars</u>: rostrot; <u>Neptun</u>: grünlich blau; <u>Uranus</u>: grünlich blau; <u>Saturn</u>: weißlich; <u>Jupiter</u>: weiß-bräunlich

12 **Aufgabe 1:**

a) Der Mars ist ein Nachbarplanet der Erde.
b) Möglicherweise halten sich zukünftig Menschen dort vorübergehend auf oder wohnen dort sogar.
c) In etwa 687 Tagen umkreist der Mars auf einer elliptischen Bahn die Sonne.
d) Der Mars besitzt zwei Monde.
e) Mit einem Durchmesser von fast 6 800 km ist der Mars ungefähr halb so groß wie die Erde.
f) Auf dem Mars betragen die Temperaturen zwischen etwa 35° Celsius und minus 125° Celsius.
g) Ein großer Teil der Marsoberfläche ist bedeckt von rötlichem Gestein, Kies bzw. Sand.
h) Die höchste Erhebung auf dem Mars und zugleich in unserem Sonnensystem ist ein über 26.000 m hoher Vulkan.
i) Die Schwerkraft auf dem Mars ist etwa ein Drittel so stark wie auf der Erde.
j) Zu etwa 95 % besteht die Atmosphäre des Mars aus Kohlendioxid.

13 **Aufgabe 1:**

a) Merkur; **b)** Neptun; **c)** Erde; **d)** Mars; **e)** Erde; **f)** Mars; **g)** Jupiter; **h)** Saturn; **i)** Jupiter; **j)** Saturn; **k)** Uranus; **l)** Merkur; **m)** Venus; **n)** Venus; **o)** Uranus; **p)** Saturn; **q)** Venus; **r)** Jupiter; **s)** Neptun; **t)** Merkur; **u)** Erde; **v)** Neptun; **w)** Uranus; **x)** Mars

15 **Aufgabe 1:**

A = Galaxie; **B** = Schwarzes Loch; **C** = Fixsterne; **D** = Nova; **E** = Supernova; **F** = Zwerg; **G** = Komet; **H** = Riese; **I** = Meteorit; **J** = Pulsar; **K** = Quasar; **L** = Planet; **M** = Zwergplanet; **N** = Meteor; **O** = Mond; **P** = Asteroid

16 **Aufgabe 1:**

A = Atmosphäre; **B** = Bolid; **C** = Ceres; **D** = Doppelstern; **E** = Ellipsenform; **F** = Fixstern; **G** = Galaxie; **H** = Halleyscher Komet; **I** = Internationale Raumstation (ISS); **J** = Jupiter; **K** = Komet; **L** = Lichtjahr; **M** = Mond; **N** = Nova; **O** = Orion; **P** = Planet; **Q** = Quasar; **R** = Riesen; **S** = Supernova; **T** = Teleskop; **U** = Universum; **V** = Venus; **W** = Wasserstoff; **Z** = Zwerge

17 **Aufgabe 1:**

a) die Sciencefiction; **b)** das Universum; **c)** die Galaxie; **d)** die Atmosphäre; **e)** die Gravitation; **f)** der Fixstern; **g)** der Planet; **h)** der Trabant; **i)** der Asteroid; **j)** der Komet; **k)** der Meteor; **l)** der Meteorit; **m)** das Ufo (auch UFO); **n)** der Alien; **o)** der Satellit; **p)** die Raumsonde; **q)** das Spaceshuttle; **r)** das Spacelab **s)** der Astronaut

18 **Aufgabe 1:**

a) Der Mond ist bisher der einzige andere Himmelskörper, der von den Menschen betreten wurde – abgesehen von der Erde.
b) Im Jahr 1969 wurde der Mond erstmals von Menschen (zwei US-amerikanischen Astronauten) betreten.
c) Die mittlere Entfernung zwischen dem Mond und der Erde beträgt durchschnittlich 384 000 km.
d) Der Durchmesser des Mondes ist etwa ein Viertel so lang wie der der Erde.
e) Die Oberfläche des Mondes ist ein wenig kleiner als die Fläche von Afrika.
f) Die Temperaturen auf dem Mond schwanken zwischen 130° Celsius auf der Sonnenseite und minus 160° Celsius auf der Schattenseite.
g) Die Oberfläche des Mondes besteht aus Gebirgen, Hochebenen und Kratern.
h) Auf dem Mond ist die Schwerkraft ungefähr nur ein Sechstel so stark wie auf der Erde.
i) Der Mond besitzt keine Atmosphäre
j) Innerhalb von etwa 27 Tagen umkreist der Mond die Erde auf einer ellipsenförmigen Bahn.

27 Die Lösungen

19 **Aufgabe 1:** Die richtige Lösung nach Meinung von Weltraumexperten:

1. Zwei Sauerstofftanks (ohne Sauerstoff stirbt der Mensch sogleich)
2. Zwei Trinkwasserbehälter (der Mensch benötigt täglich Flüssigkeit)
3. 2 Mondkarten (sehr wertvoll zur Orientierung)
4. 5 Tuben Astronautennahrung (der Mensch braucht Energie)
5. 1 Notrufsender (sehr wichtig im Notfall)
6. ein 30 m langes Seil (u.a. hilfreich beim Klettern)
7. 1 Erste-Hilfe-Koffer (u.a. zur Behandlung von Verletzungen)
8. 25 m² Fallschirmseide (zum Schutz vor Sonnenstrahlen)
9. 1 durch CO_2-Flaschen automatisch aufblasbares Schlauchboot (CO_2-Flaschen verwenden für Rückstoßantrieb)
10. 10 auch in luftleerem Raum brennbare Signalpatronen (hilfreich im Notfall)
11. 3 Pistolen (verwendbar für Rückstoßantrieb)
12. 3 Trockenmilch-Packungen (dient höchstens der Nahrungsergänzung)
13. 1 Kocher (nicht notwendig)
14. 1 Magnetkompass (nutzlos, da kein Magnetfeld mit Polen auf dem Mond)
15. 3 Feuerzeuge (nutzlos, da kein Sauerstoff auf dem Mond)

20 **Aufgabe 1:** Die Sonnenfinsternis kann immer nur von einem sehr kleinen Teil der tagesseiten Erdoberfläche wahrgenommen werden. Die Mondfinsternis kann von allen Bewohnern der Nordseite der gesamten Erde gesehen werden. Daher glaubt man, dass es mehr Mondfinsternisse gibt.

Aufgabe 2: a) totale Mondfinsternis

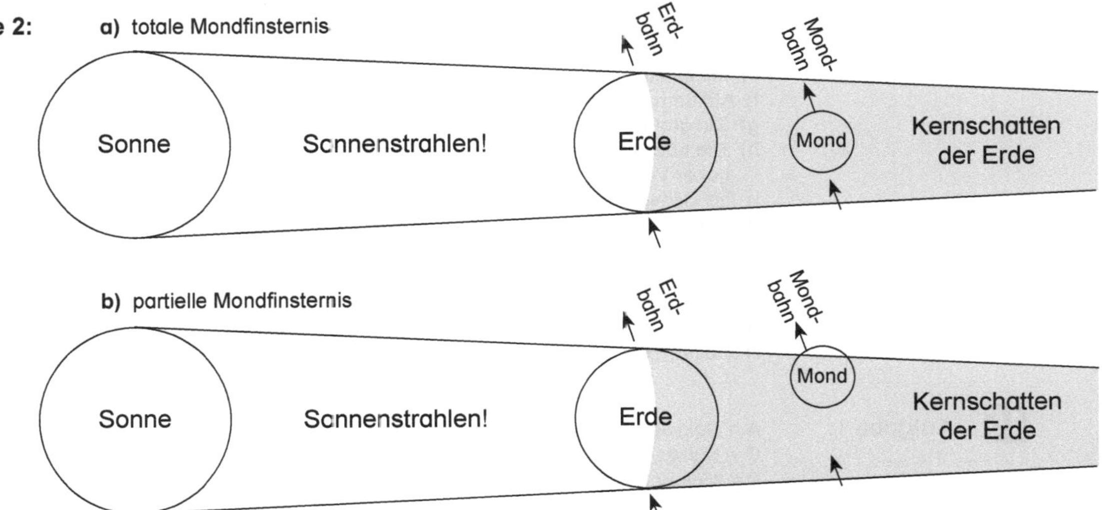

b) partielle Mondfinsternis

Aufgabe 3: a) ringförmige Sonnenfinsternis

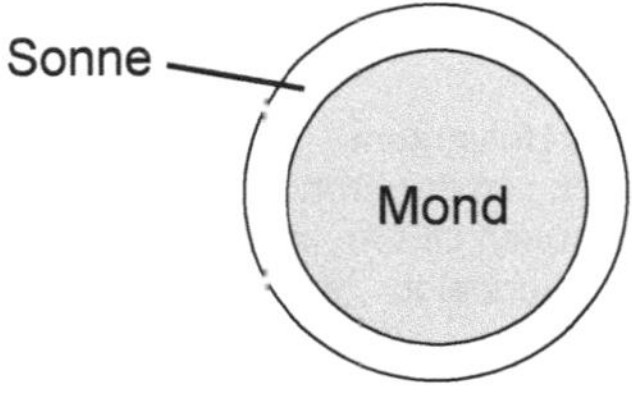

b) partielle Sonnenfinsternis

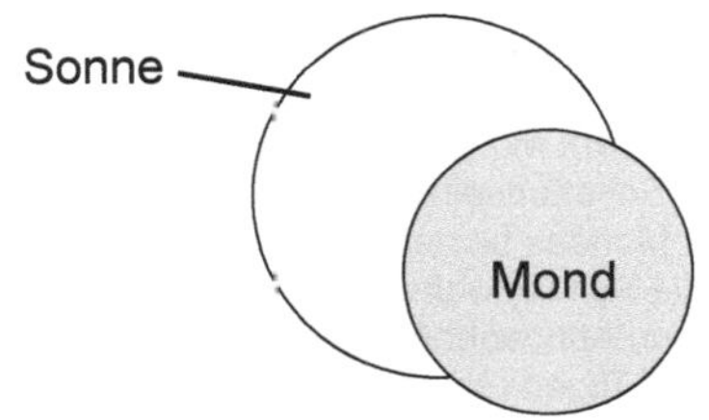

Lernwerkstatt WELTRAUM

27 Die Lösungen

21 **Aufgabe 1:**

1957 ⇨ Sputnik 1 aus der Sowjetunion ist der erste künstliche Satellit, der die Erde umfliegt.
1961 ⇨ Der erste Mensch im Weltraum ist der Sowjetrusse Gagarin in der Raumkapsel Wostok 1.
1965 ⇨ Der sowjetische Kosmonaut Leonow unternimmt von der Raumkapsel Woschod 2 den ersten Weltraumspaziergang eines Menschen.
1969 ⇨ Die ersten beiden Menschen, die US-Amerikaner Armstrong und Aldrin, betreten den Mond, den Trabanten der Erde.
1972 ⇨ Vorläufig das letzte Mal betritt ein Mensch den Mond, der die Erde umkreist.
1983 ⇨ Die Sonde Pioneer 10 fliegt als erstes von Menschen gebautes Objekt über unser Sonnensystem hinaus.
1986 ⇨ Die Sowjetunion beginnt mit dem Bau der ersten ständig besetzten Raumstation Mir.
1998 ⇨ Mit dem Bau der internationalen Raumstation ISS (= International Space Station) wird angefangen.
2003 ⇨ Die US-amerikanische Raumfähre Columbia bricht nach dem Wiedereintritt in die Erdatmosphäre auseinander, 7 Astronauten sterben.
2004 ⇨ Auf dem Paneten Mars landen die beiden Marsfahrzeuge Spirit und Opportunity.

23 **Aufgabe 1:**

1. Astronomie; **2.** Planeten sind Fremdleuchter; **3.** ellipsenförmig; **4.** Zwei Planeten unseres Sonnensystems haben keine Monde.; **5.** Jupiter; **6.** Erde; **7.** Neptun; **8.** Mars; **9.** Merkur; **10.** in ca. 165 Jahren; **11.** ein Zwerg; **12.** aus Wasserstoff und Helium; **13.** ca. 8 Minuten; **14.** ein Begleiter eines Planeten unseres Sonnensystems; **15.** etwa 1000 km; **16.** Unser Mond hat keine Atmosphäre; **17.** Die Schwerkraft auf der Erde ist größer als auf unserem Mond; **18.** ungefähr 384.000 km; **19.** im Jahr 1969; **20.** durch die Erde; **21.** mindestens 40.000 km/h; **22.** durch den Mond; **23.** ein Asteroid; **24.** bis ca. 1000 km; **25.** zwischen Mars und Jupiter; **26.** ein Schweifstern; **27.** etwa 1 bis 100 km; **28.** Meteoriten; **29.** Galaxis; **30.** 88 Sternbilder; **31.** in die Vergangenheit; **32.** ungefähr 9,5 Billionen km; **33.** dem mittleren Abstand zwischen der Erde und unserer Sonne; **34.** Ein Fixstern bewegt sich; **35.** Riesen; **36.** Proxima Centauri; **37.** Andromeda(nebel); **38.** ein Stern, der auf einmal sehr hell aufleuchtet; **39.** die Explosion eines massenreichen Sterns; **40.** eine sehr hohe Anziehungskraft

24 **Aufgabe 1:**

a) Barbicane schlägt vor, eine große Kugel per Kanone zum Mond zu schießen.
b) Der Vorstand des Kanonenklubs schreibt an die bedeutendste Sternwarte der USA.
c) Der Wissenschaftler Nicholl bekämpft den Plan.
d) Insgesamt werden aus dem In- und Ausland über 5 Millionen Dollar gespendet.
e) Die Kugel soll von Florida aus abgeschossen werden.
f) Ardan schlägt vor, eine teilweise zylindrisch, teilweise kegelförmig aussehende Rakete mit Austronauten zum Mond zu schicken.
g) Ein Tierversuch wird unternommen, um zu überprüfen, ob Lebewesen in einem gepolsterten Geschoss einen Abschuss überleben können.
h) Maston beweist, dass es möglich ist in künstlicher Luft zu überleben.
i) Es werden zwei Hunde mit auf die Reise zum Mond genommen. Ardan nimmt heimlich Hühner mit.
j) Beim Abschuss der Rakete gibt es durch die Pulvergase eine enorme Explosion. Dabei werden sehr viele Zuschauer verletzt, manche sogar getötet. Zelte, Hütten, Häuser und andere Gebäude werden zerstört bzw. beschädigt. Bäume werden entwurzelt, Eisenbahnwagen stürzen um, Schiffe gehen unter ... .

Aufgabe 2:

Ein Brennstoff verbrennt mit Oxidationsmitteln in einer Brennkammer bei sehr hoher Temperatur und lässt das energiereiche Produkt des Prozesses in Gasform durch eine Öffnung austreten. Die bei der Verbrennung freigesetzte thermische Energie sowie der entstehende Druck in der Brennkammer werden beim Austreten in kinetische Energie (Beschleunigung) umgewandelt und erzeugen somit die Schubkraft nach dem Rückstoßprinzip. Die speziell geformte Austrittsöffnung der Brennkammer wird Düse genannt.

Aufgabe 3:

a) Die 3 Raumfahrer hören beim Start der Rakete keinen Knall, weil die Rakete schneller fliegt, als der Schall.
b) Das Raumfahrzeug stößt beinahe mit einem Boliden zusammen.
c) Ardan öffnet aus Versehen den Hahn des Sauerstoffgeräts zu weit, sodass zu viel Sauerstoff ausströmt.
d) Die drei Raumfahrer erreichen den Mond nicht.
e) Im Raumfahrzeug sinkt die Temperatur auf -17° Celsius.
f) Die 3 Raumfahrer zünden an Bord des Raumfahrzeugs Raketen, als der Punkt der Schwerelosigkeit erreicht wird.
g) Das Raumfahrzeug stürzt am 12. Dezember etwa 500 Seemeilen südwestlich von San Franzisco in den Pazifischen Ozean.
h) Die drei Raumfahrer werden am 29. Dezember von einem zur Suche losgeschickten Schiff entdeckt.
i) Der Kanonenklub organisiert zu Ehren der drei Raumfahrer eine Triumphreise durch die USA.

27 Die Lösungen

25 **Aufgabe 4:** Individuelle Lösungen.

Aufgabe 5:

H	K	Z	N	C	R	G	S	A	U	E	R	S	T	O	F	F	W	X	E
G	U	E	F	K	A	N	O	N	E	N	K	L	U	B	Z	U	T	S	X
S	G	R	A	B	K	E	N	J	T	L	O	T	E	L	E	S	K	O	P
Y	E	F	S	T	E	R	N	W	A	R	T	E	A	P	S	A	F	U	L
D	L	K	E	A	T	C	E	A	Q	B	I	Z	N	K	E	H	R	T	O
D	R	Z	O	G	E	C	L	S	B	M	G	E	T	S	R	I	Ü	E	S
A	J	S	O	D	F	H	M	T	P	N	I	O	R	C	D	M	C	M	I
B	S	C	T	E	L	E	G	R	A	M	M	N	I	H	A	M	K	P	O
S	C	H	W	E	R	E	L	O	S	I	G	K	E	I	T	E	S	E	N
C	H	A	U	Y	F	S	N	N	A	Y	L	E	B	F	M	L	T	R	T
H	I	T	V	G	F	F	T	A	U	V	M	U	S	F	O	S	O	A	K
U	E	T	K	R	C	D	R	U	F	I	D	A	P	H	S	K	S	T	J
S	S	E	L	A	H	O	L	T	P	D	B	V	J	N	P	Ö	S	U	R
S	S	N	U	N	C	L	V	E	R	M	O	N	D	U	H	R	H	R	X
B	P	K	F	A	Q	L	G	N	A	G	L	R	Q	W	Ä	P	T	A	H
A	U	E	T	T	D	A	J	M	L	T	I	B	W	W	R	E	I	W	J
S	L	G	X	E	S	R	W	B	L	L	D	I	X	U	E	R	O	A	Z
I	V	E	V	Q	Y	M	K	I	T	I	E	R	V	E	R	S	U	C	H
S	E	L	G	E	S	C	H	W	I	N	D	I	G	K	E	I	T	D	B
X	R	W	I	S	S	E	N	S	C	H	A	F	T	L	E	R	Y	C	P

Waagerecht:

SAUERSTOFF;
KANONENKLUB;
TELESKOP;
STERNWARTE;
TELEGRAMM;
SCHWERELOSIGKEIT;
MOND;
TIERVERSUCH;
GESCHWINDIGKEIT;
WISSENSCHAFTLER;

Senkrecht:

ABSCHUSSBASIS;
KUGEL;
SCHIESSPULVER;
SCHATTENKEGEL;
LUFT;
GRANATE;
RAKETE;
DOLLAR;
SONNE;
ASTRONAUTEN;
AUFPRALL;
BOLIDE;
ANTRIEB;
SCHIFF;
ERDATMOSPHÄRE;
USA;
HIMMELSKÖRPER;
RÜCKSTOSS;
TEMPERATUR;
EXPLOSION

Aufgabe 6:

Mögliche Lösung:

Im Cockpit des Raumschiffs leuchtet eine Warnlampe auf. Die Alarmanlage schrillt. Höchste Alarmstufe! Sofort rennt Kevin A. in das Cockpit. Auf einem Monitor sieht Kevin A. einen Himmelskörper, der auf das Raumschiff zurast. Der sprechende Computer meldet: „Kleiner verirrter Asteroid ... !" Kevin, der den eigenen Tod vor Augen hat, reagiert sogleich. Blitzschnell schaltet der erfahrene Mann die automatische Steuerung aus. Er ergreift die Handsteuerung und reißt sie nach rechts herum. Zu spät? Das Raumschiff vibriert, zuerst nur leicht, dann stärker. Aber es gibt keinen Zusammenstoß. Der Asteroid saust haarscharf am Raumschiff vorbei. Sehr viel Glück gehabt! Kevin A. fällt ein riesiger Stein vom Herzen.
Er setzt sich ins Cockpit hin und lenkt das Raumschiff auf den alten Kurs zum Mond ...

25 **Aufgabe 1:** In dieser Reihenfolge: stellen; treffen; sieht; landen; explodiert; durchzuführen; fliegen; tanken; retten; nehmen; landet; gehalten; überlebt; scheitern; befiehlt; verhindert; gelingt; gebracht; ferngezündet; bleiben; zieht; auszuführen; opfert; verlässt; drückt; kehrt; verschont

26 **Aufgabe 1:** Individuelle Lösungen.

Aufgabe 2: Individuelle Lösungen.

Aufgabe 3: Individuelle Lösungen.

Aufgabe 4: Individuelle Lösungen.